JN081003

木星・土星
ガイドブック

鳫宏道 著

恒星社厚生閣

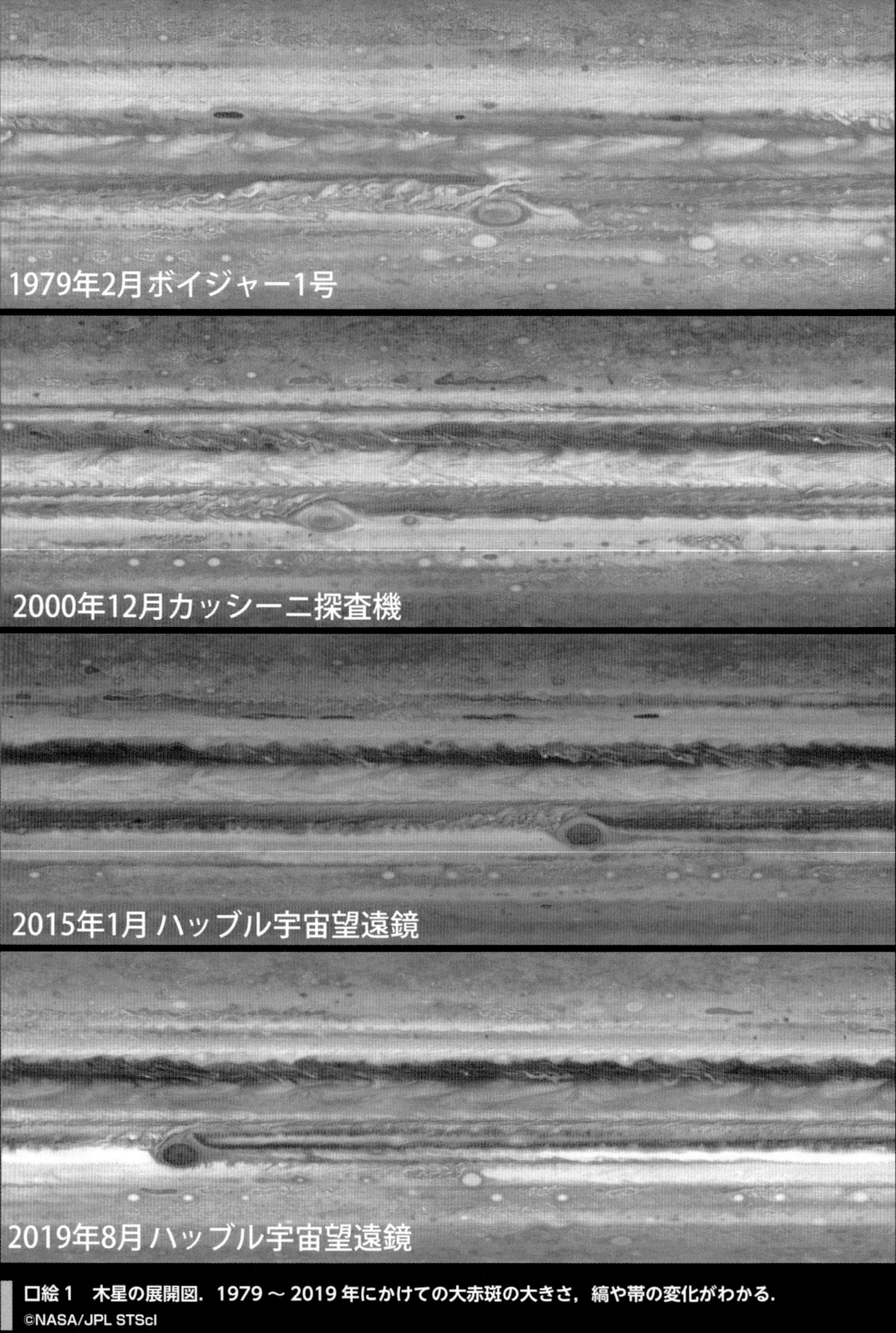

口絵 1　木星の展開図．1979 ～ 2019 年にかけての大赤斑の大きさ，縞や帯の変化がわかる．

口絵 2　木星の衛星エウロパの風景と木星（想像図）.
©NASA/JPL-Caltech Space Science Institute, Kevin M. Gill

口絵 3　土星の衛星タイタンの風景と土星（想像図）.
©NASA/JPL-Caltech Space Science Institute, Kevin M. Gill

口絵 4　探査機「ジュノー」撮影の大赤斑．時計と逆回りの回転をしている．

口絵 5　探査機「ジュノー」撮影の白斑．

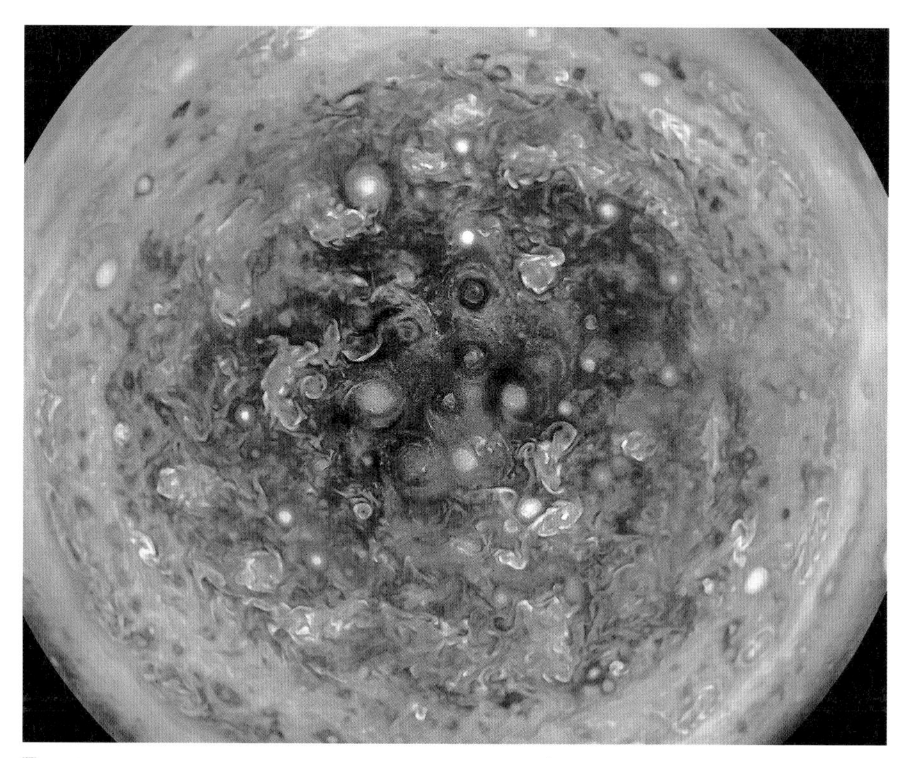

口絵 6　探査機「ジュノー」撮影の木星の南極に見えるサイクロン.

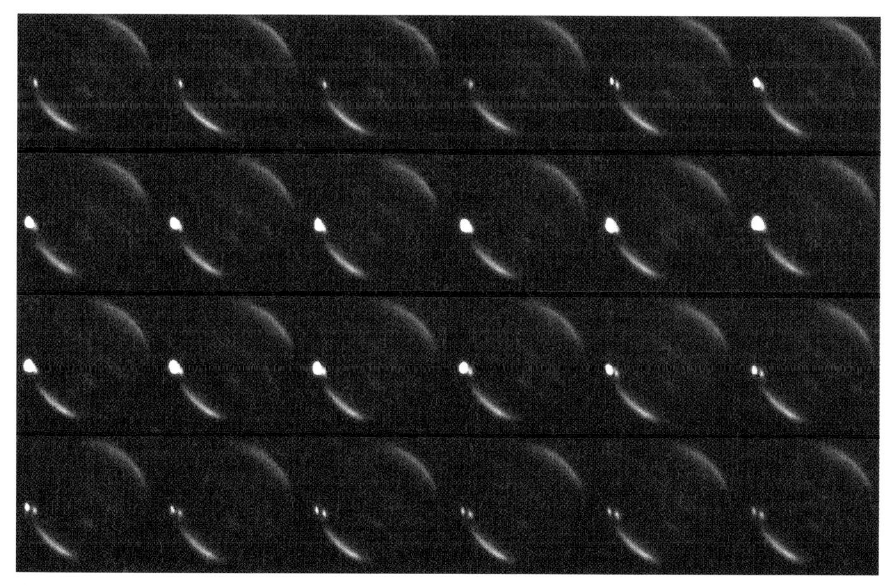

口絵 7　シューメーカー・レヴィ第 9 彗星のフラグメント C と呼ぶ破片が衝突した際の閃光.
ハワイ・マウナケア NASA の赤外線望遠鏡（IRTF）が撮影した映像より.

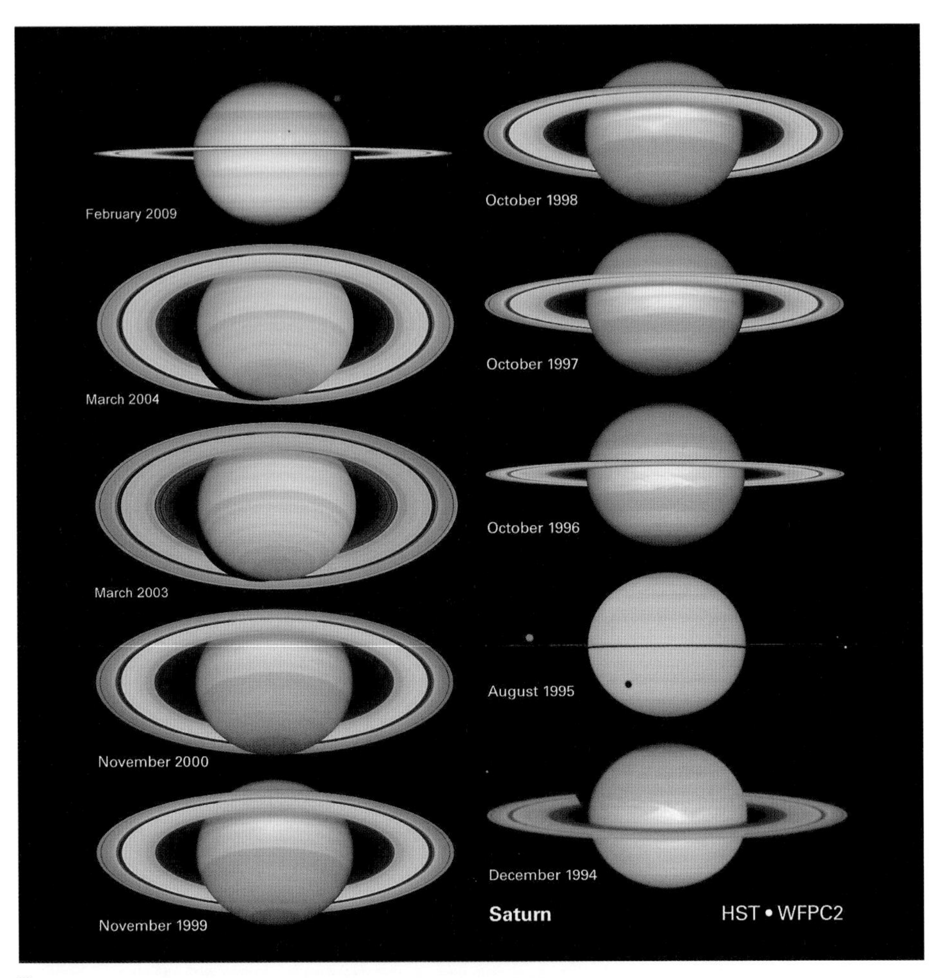

口絵 8　1994 ～ 2009 年の土星の夏から秋分，冬至，春分まで．

©HSTNASA, ESA, and the Hubble Heritage Team (STScI AURA)

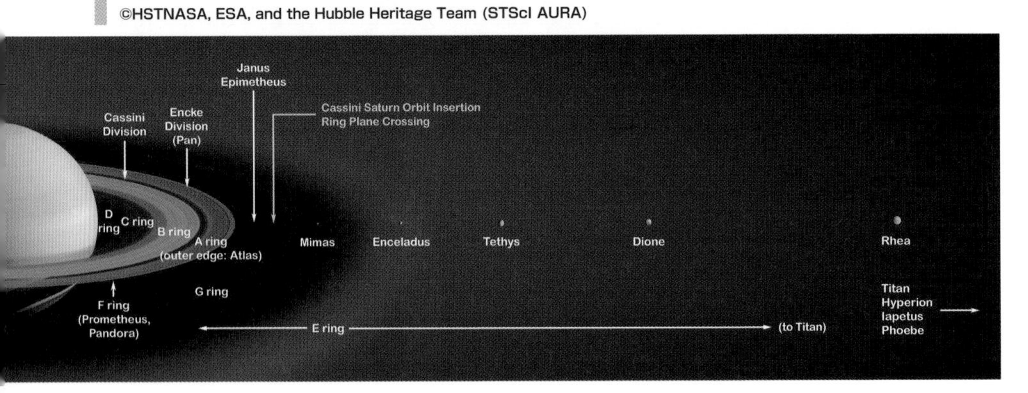

口絵 9　土星のリングと主要な氷の衛星たち．E リングは太陽系最大のリング．
ミマスからタイタンの軌道まで約 100 万 km 延びている．

©NASA/JPL

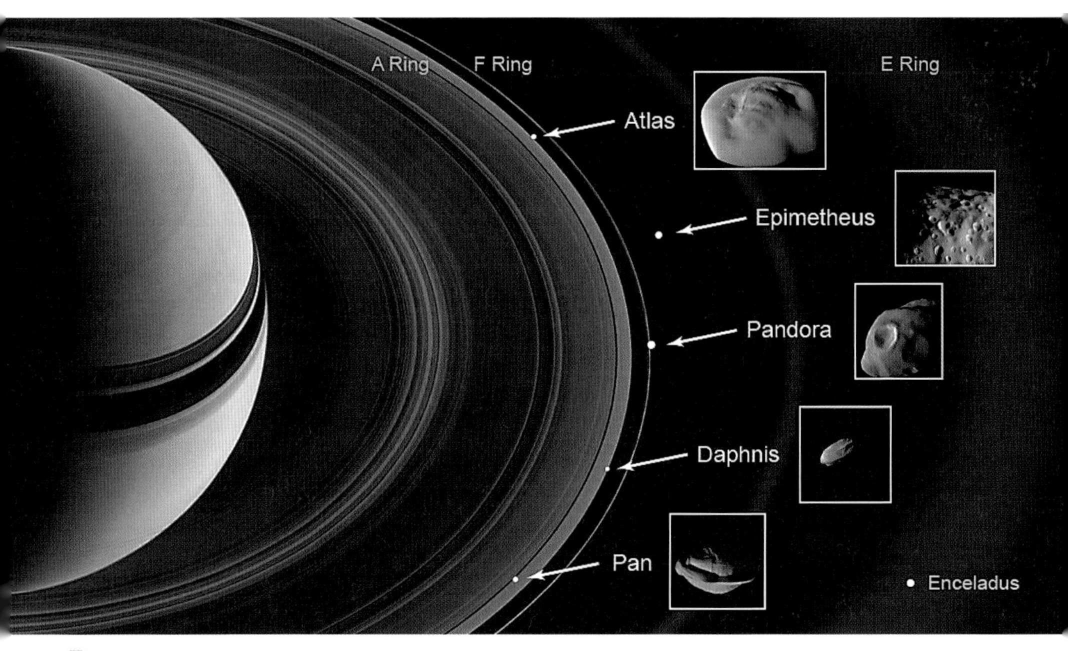

口絵 10　土星のリングのすき間や細い F リングを共鳴現象で規定する小型衛星たち.

©NASA-JPL/Caltech

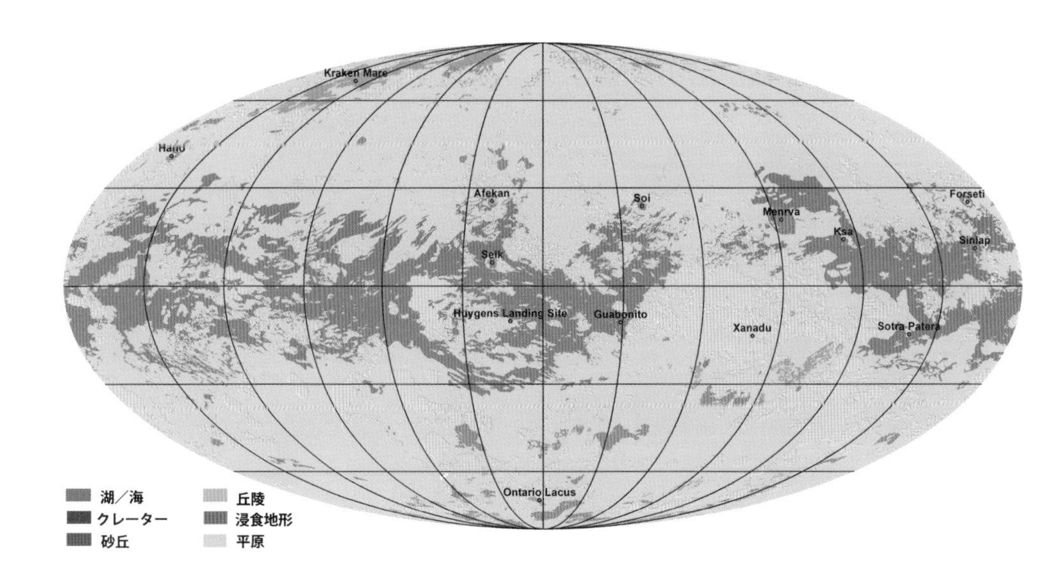

口絵 11　探査機「カッシーニ」のレーダーおよび可視光画像に基づくタイタンのグローバル地形図.

©NASA/JPL-Caltech/ASU

口絵 12
1973 年 12 月 4 日
パイオニア 10 号の
打ち上げアトラス・
セントール.
©NASA

口絵 13　1977 年 9 月 5 日　ボイジャー 1 号の打ち上げタイタン IIIE セントール.
©NASA

口絵 14
1989 年 10 月 18 日
ガリレオの打ち上げ
スペースシャトル・
アトランティス
(STS-34).
©NASA

口絵 15　1997 年 10 月 15 日 カッシーニの打ち上げ　タイタン IV セントール.
©NASA

口絵 16　2011 年 8 月 5 日
ジュノーの打ち上げアトラス V551.
©NASA/Tony Gray and Tim Powers

はじめに

かれこれ50年以上前になりますが，小型の望遠鏡を木星や土星に向け，木星の衛星や土星のリングを見て喜んだ記憶があります．

私に限らず，夜空に輝いている惑星を見つけ，確かに木星だったり，土星だったり，望遠鏡で初めて確認できた時の喜びは，星が好きになった人たちが持つ共通の体験だろうと思います．

天界の王者はなんといっても木星でしょう．その輝き，星空での悠然とした動きは王者の風格があります．土星は，望遠鏡で初めて見た時，一番印象に残る惑星でしょう．星を見る行事で土星のリングは，月のクレーターと並んで人々の関心を引きます．木星も土星も天体観察の主役クラスの天体といえるでしょう．

木星と土星は１年を通じて星空に出ている時期が長いので，火星や金星に比べ見る機会は多くあります．木星は表面の縞模様と大赤斑という赤い模様が木星を特徴づけています．自転速度が速く，赤道がふくらんだ楕円形をしているので，縞模様が赤道に平行になっている様子もわかりやすいです．さらに，ガリレオ・ガリレイが見つけた４つの衛星，ガリレオ衛星がそれぞれの位置の違いが見るたびに異なり，それぞれについた衛星の名称がギリシャ神話に基づくことも関心を集めます．土星はリングの存在がなんともユニークであり，その開き方が毎年少しずつ変わることもあり，土星の観望シーズンを迎えると真っ先に望遠鏡を向けたくなるものです．

木星と土星の星空での動きは，規則正しく運行する星ぼしの中にあって，毎年必ず不規則な動きを繰り返し見せてくれます．これは古くは「遊星」とも呼ばれましたが，惑う星，「惑星」の由来です．このことが人間たちにとって最大の知的好奇心であり，その動きを予測することは国を治める王たちのよりどころとなり，神の世界である天上界の動きを見極めようとしてきたのです．その結果，私たちは今でもその存在に関心を持ち続け，探査機を送り込んでまでその謎めいた星のことを知ろうとしています．

近年，木星と土星に送られた，ボイジャーをはじめとする探査機たちから送信されてきた画像，観測記録は美しく，素晴らしいものです．そのなかでも衛星たちの素顔には想定外の驚きと，さらなる好奇心をかきたてられます．

まるで地球と見まごう大気に包まれ，浸食された山や谷，湖まで持つことがわかった土星の衛星，タイタン．表面を氷に覆われた木星の衛星，エウロパと雪氷の白い表面に刻まれた青い断層を持つ土星の衛星，エンケラドス．これら水氷を多量に持つ衛星たちの中に，今は分厚い氷に覆われた表面の下に生命を宿している海を持つかもしれない，そんな希望を抱かせてくれもします．探査機によって衛星たちに関する知識は飛躍的に増大しました．次は，生命の可能性を探る旅が待っているのでしょう．

17 世紀のガリレオ・ガリレイによる観測から始まって，以来，営々と積み重ねてきた多大な発見と成果，さらに探査機が見せてくれた美しい惑星と謎めいた衛星たちの素顔を，なんとかまとめて紹介できないものか，無謀と知りつつも，分け入る決心をし，本書をしたためた次第です．とはいえ，紹介しきれていない重大な事柄が多々あろうと思います．それはすべて私の知識と理解が至らないせいであります．それでも，本書を踏み台にして，知の大海に踏み込んでいただき，知ることの楽しさを共有できればと願う次第です．

最後に，本書を制作するにあたり，NASA をはじめとした機関，組織，個人の方々，1 年になろうかという長丁場の編集作業を手際よく進めていただいた恒星社恒星閣の白石氏，天文宇宙検定のイベントで誘い出していただいた小浴氏，出版のご決断をされた片岡社長に厚くお礼を申し上げます．

2020 年 1 月

鳫　宏道 

目　次

第 3 章　木星・土星の素顔　57

第 4 章　木星と土星の衛星　87

第5章　探査機の歴史と成果　141

第6章　巨大ガス惑星の形成をたどる　171

第1章

神話から宇宙の仲間へ

1-1 惑星が夜空に見える時

みなさんは満天に広がる星をじっと眼をこらして眺めたことがあるだろうか．見上げた空の瞬く星たちの中で明るく輝く星にまず目がいくことだろう．中でも瞬きもせずにひときわ明るく輝く星に目が留まった記憶はないだろうか．それが惑星の輝きだ．惑星の明るさは恒星と同様に「等級」で表される．それぞれの惑星が最も明るく見える時，金星は－４等級，木星，火星は－２等級，水星，土星は０等級前後となる．星たち（恒星）の中で最も明るいおおいぬ座のシリウスは，–1.5 等星である．地球からの距離は最も近い星，ケンタウルス座α星（α Cen C）まで，4.2 光年だ．

恒星は遠いため，点にしか見えず大気の揺らぎを受けて瞬いて見える．

我々は日常，宵の空に光っている惑星を見ることが多いが，その時，惑星と地球の位置はどうなっているのだろう．その位置関係を考えてみよう．

太陽系には８つの惑星がある．そのうち，地球に住む我々にとっては地上から望遠鏡など使わずに肉眼で眺められる惑星は．水星，金星，火星，木星，土星の５惑星だ．天王星，海王星は輝いて見えるほどは明るくならない．

このうち，地球軌道の内側をまわる惑星の水星，金星を内惑星と呼び，反対に地球軌道の外側をまわる惑星を外惑星と呼ぶ．

土星軌道の外側をまわる天王星も見かけの明るさは５等級台で何とか肉眼で見ることができる明るさだが，イギリスの天文学者，ウイリアム・ハーシェルが望遠鏡で発見するまで惑星として意識して確認されたことはない．海王星は８等級と暗く，目で見つけることは不可能だ．

では，日が暮れてしばらく経った宵の空，南の空高くに見えてきた惑星は，どのように動いてきたのだろう．

その星は明け方の東空に出現し，日に日に少しずつ高さと位置を変え，星空に一つの道筋を描いて，真夜中に昇ってくるようになる．月日が経つうちにやがて宵の東空に見えるようになり，夜半に天高く輝き，朝方，西に没する．そう，それが外惑星の見かけの動きなのだ．

ただし，夕方の西空や明け方の東空に見えるだけの惑星も存在する．そ

木星

金星

月

土星

2019 年 2 月 2 日夜明け前の東天に並んだ木星，金星，月，土星

土星

木星

2019 年 8 月 4 日 21 時の南天の木星，土星

土星

月

金星

木星

2019 年 11 月 29 日夕方の西空に並んだ木星，金星，月，土星

れは地球の内側をまわる内惑星の水星と金星に限られる．その理由は地球から見て，内側の軌道上を動く惑星が太陽から離れる角度（離角）に限界があるからだ．太陽と重なると離角は0度で，これは，内惑星－太陽－地球という並びか，太陽－内惑星－地球，という2つの位置で起こる．前者は外合，後者は内合と呼ぶ．そこから内惑星が動くにつれて太陽から離れだし，最も離れるのは，地球から内惑星の軌道に接線を引いた位置になる．太陽－内惑星－地球が作る角度は金星で最大47度，水星では最大28度ほどだ．これは太陽が夕方や明け方の地平線上にある時，その上空にあっても最大の離角以上高くはならない．惑星を見るには太陽が地平線下に沈んでいないと見ることは難しい．実際には太陽が地平線下12～18度より高くなると空が明るくなり，目で見える限界の6等星が見えなくなってくる．これを天文薄明といい，厳密な意味での夜と昼の境ということになる．したがって，その分内惑星の地平線からの高さは差し引いて考えなくてはならない．実際には水星，金星が地平線から最も高く見られるのは，春の夕方の日没後の西空か，秋の明け方の日の出前の東空になる．それぞれ水星は10度前後，金星は35度前後だ．

外惑星の場合はどうだろう．

外惑星が地球に近づく位置は，太陽－地球－惑星という関係となる．地球からは太陽と反対側，すなわち夜中の空に見えることになる．内惑星では起こらなかった位置関係のため，外惑星は一晩中見え続ける時期ができるのだ．とはいうものの火星，木星，土星の見え方はそれぞれの惑星の動く速さと地球との距離の変化によって多少見え方が変わる．

火星は2年2か月に一度地球に近づいて－2等級と，木星並みに明るく見える時もある．地球接近前後が最も明るく輝くがそれ以外は意外に暗く，1等級程度の時が多い．しかも動きが速いため星空での移動が大きい．

木星と土星はそれぞれ－2等級，0等級と，肉眼でよく見え，火星や金星，水星のように見える時期が限られることなく1年のうち，どこかの時期に必ず見ることができる．それは，木星は12年，土星は30年で星空を一巡りしているため，それぞれが入っている黄道上の星座がよく見える季節に必ず見える．正確には木星の公転周期は12年のため，毎年黄道12

図 1-1　2000 年 5 月 15 日，太陽観測衛星 SOHO の視野に 4 つの惑星が見える．
真ん中に太陽（遮蔽されている）右（西）から金星，木星，土星，そして左端（東）に水星．内惑星は外合，外惑星は合に近い．左上におうし座のすばる星が見える．
©NASA/ESA

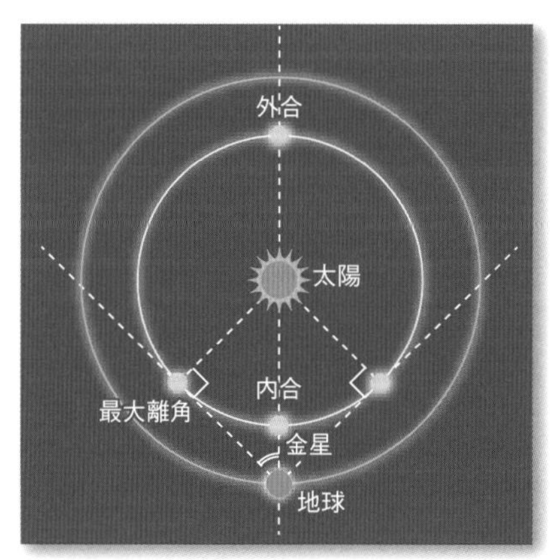

図 1-2　内惑星の軌道図．
地球の内側をまわる惑星の水星，金星は，地球から見て太陽－惑星－地球が作る角度が 90 度になる時が太陽から最も離れて見える．西に離れた時を西方最大離角，東に離れた時を東方最大離角という．

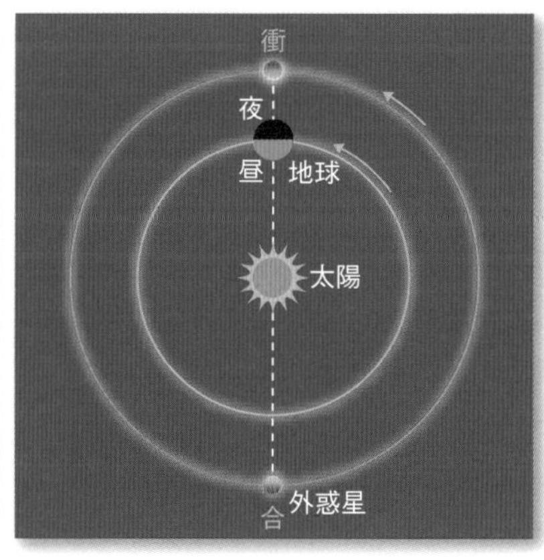

図 1-3　外惑星の軌道図．
地球の外側の惑星は見かけ上，惑星－地球－太陽が一直線上に並んだ時が衝，惑星－太陽－地球となった時が合となる．地球から見て衝の時が太陽から最も離れ，真夜中に南中する．

星座を西から東にほぼ一つずつ移っていく．土星の公転周期は 30 年のため，黄道上の星座を２〜３年ごとに，木星と同じく西から東に一つずつ移っていく．

こうした惑星たちの動きは，古代の人たちにとっても注目されていた．

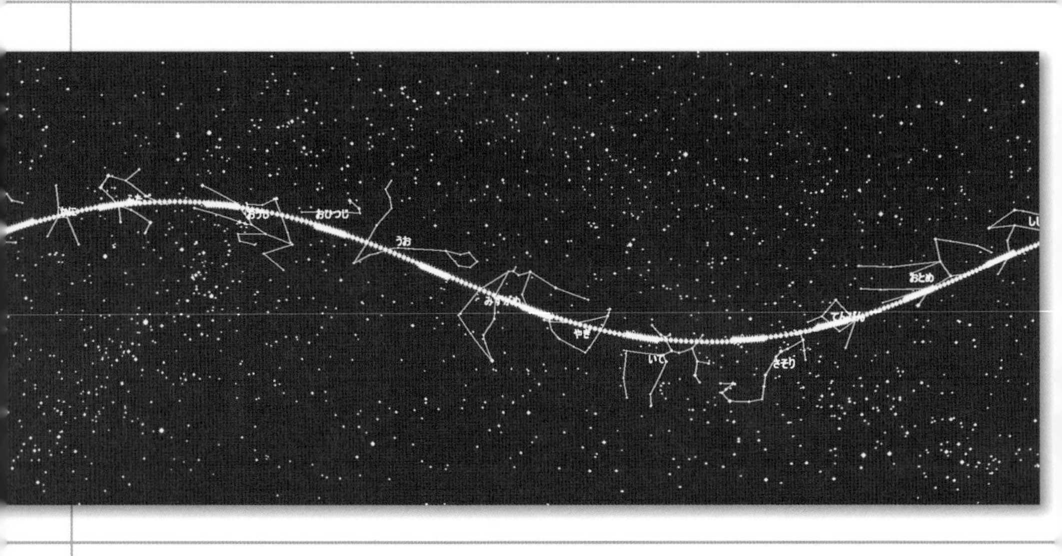

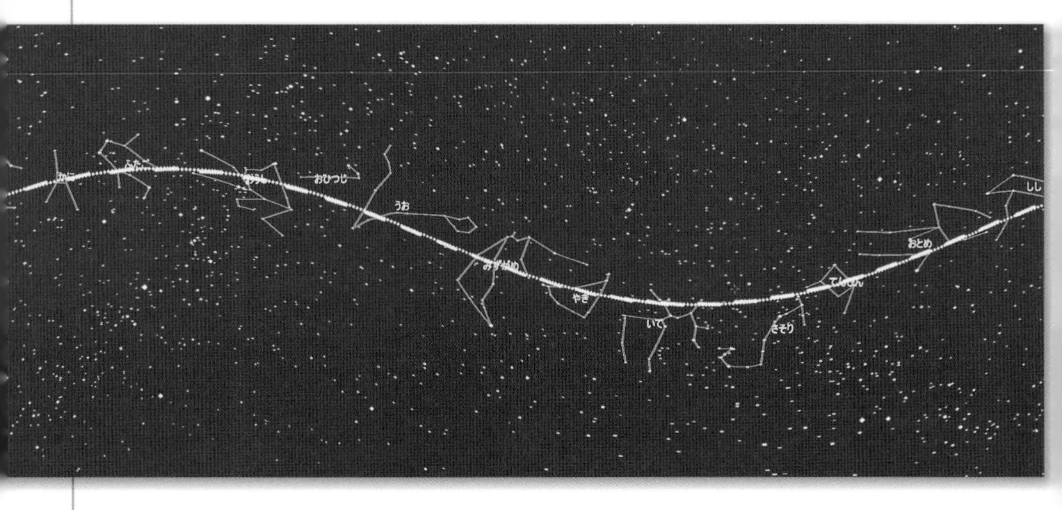

彼らはその動きを現代の我々のように太陽をめぐる動きとは解釈せず,「天空を治める神々の動きである」,「天上界の社会の動きであり，いずれそれは地上に住む人間社会にも反映してくるもの」などととらえていた．特に5惑星の中で木星，土星は注目すべき惑星だった．

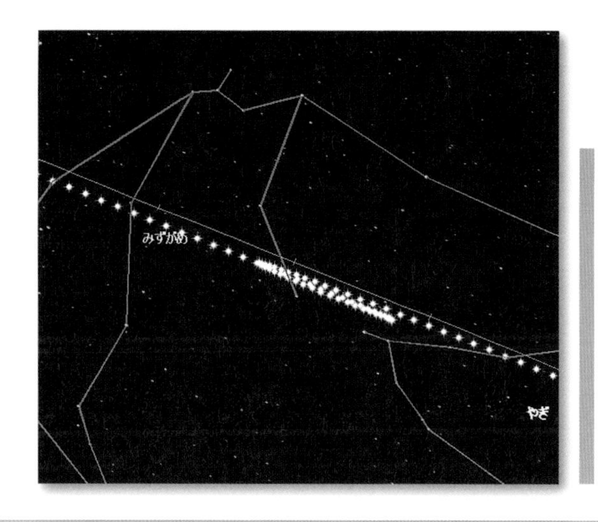

図 1-4　2019 ～ 2031 年までの 12 年間の木星の黄道上の動き．

線が太く見える部分は木星の動きが重なっているが，それぞれ，順行（西から東），留，逆行（東から西），留，順行を繰り返す．右図は 2021 年のみずがめ座での動きを拡大したもの．

©StellaNavigator11/AstroArts

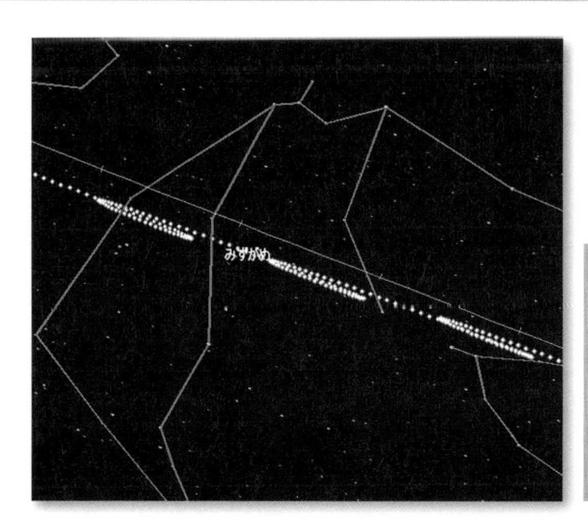

図 1-5　2019 ～ 2049 年までの 30 年間の土星の黄道上の動き．

木星同様，行きつ戻りつを繰り返す．右図は 2023 年前後のやぎ座からみずがめ座での動きを拡大したもの．

©StellaNavigator11/AstroArts

1-2 神話と思想の世界

木星は，中国では「歳星（さいせい）」，ギリシャでは大神ゼウス，ローマでも最高神ユピテル（ジュピターの語源）の星とされ，土星は中国では「填星（てんせい）」，ギリシャではゼウスの父，クロノス，ローマではサトゥルヌス（サターンの語源）の星と呼ばれた惑星だ．

歳星と填星

古代中国では太陽，月と５惑星は中国の天地創造説である，五行（木火土金水）が混沌から宇宙の根元としての太極を経て生み出されたという考え方に従っている．太陽，太陰（月）と，そこから生まれ出た惑星の水星，金星，火星，木星，土星という名称は五行思想をあてはめたものとされる．

紀元前３世紀頃とされる五行思想成立前から中国では暦の作成のための天文観測がなされていた．五星の位置観測は占星術的な要素も含んで研究されていた．

木星は五行において木の精である．12 年で天空を一回りするところから，歳星と呼ばれた．それは古代中国では天を赤道上で 12 等分に分け，十二次とし，歳月を表わす基準として用いた．そして木星の黄道上の位置，またはその反対の虚像としての太歳の位置が十二次をめぐることによる歳月を記録する歳星紀年法が作られた．歳星が１年に一次を行くので１年を一歳と称するのだ．いま，我々が年齢を歳で呼ぶ習わしのもとになったと考えられる．これはのちに十二支があてはめられ，現在まで使われている干支紀年法（かんしきねんほう）につながっている．

十二次のどこに歳星がくるかによって，十二次に割り当てられた分野，すなわち地上の地域や国々の命運が占われた．

土星は五行において土の精で，填星という．それは明るさに変化がなく，木星ほど明るくもない．動きも緩やかなためと考えたのであろう．

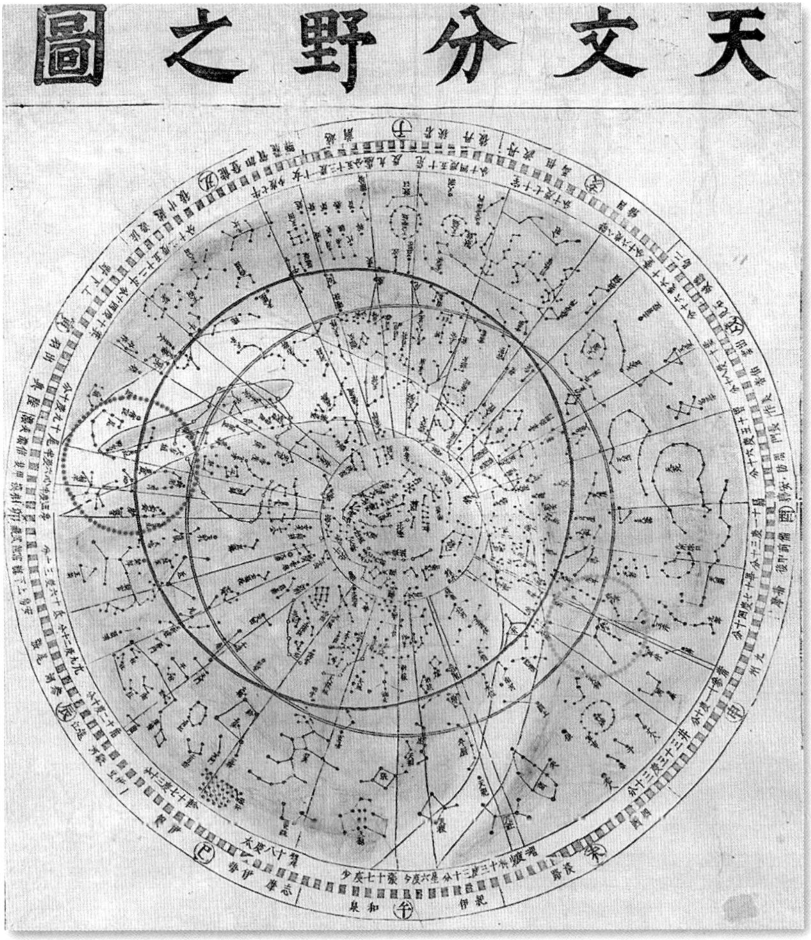

図 1-6　天文分野之図（国立天文台所蔵）．

渋川春海が日本の国土を当てはめて作った星図．円形の周囲に中国の地名が記されていたものに，日本の地名を割り振っている．元は中国の分野星図で，天を 12 分割し，十二支を左回り（東回り）に子から丑（うし）寅（とら）……と配置している．星図の中に赤と黄色で円を描いているが，赤い線は黄道，黄色い線が天の赤道に当たる．木星（歳星）は黄道上を左回りにまわり，毎年 1 次ずつ動いて年をきざみ，12 年で子にもどる．星座は中国で作られたものだけになっている．

ゼウスとクロノス

ゼウスはギリシャ神話の最高神であり，オリンポスの神々を従えた．神々はポセイドン，ハデス，ヘラ，デメテル，ヘスティア，アテナ，アポロン，アルテミス，ヘパイストス，アレス，アフロディテ，ヘルメス，ディオニソス．

一方クロノスはゼウスの父親で，タイタンの神々を従えた．神々はオケアノス，コイオス，クレイオス，ヒュペリオン，イアペトス，テイア，レア，テミス，ムネモシュネ，ポイベ，テティス．

クロノスは，彼の父親であるウラノスを倒して山よりも巨大な巨神族タイタンの長となって，全宇宙の最高神となったが，ウラノス同様，自分の子にその権力を奪われるという予言を受けたため，子どもが生まれるたびに飲み込んでしまったという．

最後に生まれたゼウスだけは，母のレアが子どもと偽って石をクロノスに食べさせたために助かった．クレタ島で牝山羊アマルティアによって密かに育てられたゼウスは，クロノスに酒を飲ませて飲み込んだ兄弟たちを吐き出させたという．そしてゼウスが兄弟神の最高神となり，兄弟は力を合わせて，クロノスらタイタンの神々と戦い，タイタン神族を倒した．とうとうオリンポスの神々がこの世界に君臨することになる．といったギリシャ神話が有名である．

図 1-7　ゼウスがかくまわれたとされるクレタ島の洞窟．

図 1-8　ゼウス

ゼウスは全知全能の神として君臨するが，兄弟神のハデスとポセイドンとでこの世界を手分けして治めることにした．ゼウスは天界，ハデスは冥界，ポセイドンは海界を受け持つことになる．

ゼウスは女神ヘラを妻としていたが，多くの女神や人間の女性との間に子どもの神や半神を作った．その中には，イオ，レダ，ガニメデ，エウロパ，カリスト，ヒマリアなどがいる．

実は惑星やその周りをまわっている衛星の名前には，こうした神話に登場する神々や神と関わりを持った人間の名前が付けられている．ただし最近大量に見つかっている衛星は神話の神々の名前だけでは足りなくなってしまって，ギリシャ神話以外の神話の神や人名を付けている．

図 1-9　ヘラ

図 1-10
子を飲みこむクロノス

図 1-11
ポセイドン

図 1-12　ハデス

1-3 ガリレオ衛星

1610 年，ガリレオ・ガリレイは自作の望遠鏡を初めて木星に向け，木星の近くに 3 つの星を見つけた．はじめは普通の恒星に思えたが，次の夜に見た時，それらの星たちが移動しているのに気が付いた．前日には木星の両側に見えていた星が片側にあった．それを彼は恒星の前を木星が移動したのだろうと思っていたが，その後数日にわたって観測すると，3 つだった星が 2 つになり，ついには 4 つになったのだ．

ガリレオはこの動きを説明するために，木星の周りの星たちは，木星を中心にまわっているのではないか，という新しい解釈を考えた．つまり，木星の月である 4 つの星たちが木星をまわることで,時には木星に隠され，時にはその位置が片側に集まったりするというのだ．

ガリレオは，はじめから太陽中心の宇宙のイメージを持って星空を観察していたのでも，神の存在を否定する証拠を見つけるために観察したものでもなかった．あくまでも見たままの姿を受け入れ，記録を積み上げ，そこから真の星の世界の姿，神が作ったとされる精緻な仕組みを解き明かそうとした結果，太陽中心の宇宙をイメージできたのだ．

図 1-13 ガリレオ・ガリレイ

ガリレオが地動説を信じるようになったきっかけは，1610 年に金星の満ち欠け，すなわち月と同じように細い三日月形から丸い形まで変化することを発見した時だったといわれている．満ち欠けは惑星が太陽の光を受けて光って見えるためであり，その変化は太陽の周りをまわるために起こることであるからだ．

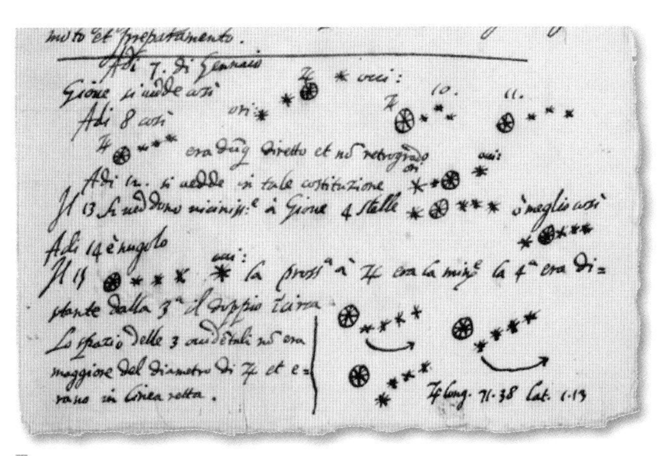

Adi 7. di Gennaio
Giove si vedde così ori. * * ♃ * occ:
Adi 8 così
era dunq. diretto et no retrogrado
Adi 12. si vedde in tale costituzione
Il 13 si veddono vicinissime a Giove 4 stelle o meglio così
Adi 14 è nugolo
Il 15 la pross.a a ♃ era la minore la 4.a era di=
stante dalla 3.a il doppio in circa
Lo spatio delle 3 occidentali no era
maggiore del diametro di ♃ et e=
rano in linea retta.
♃ long. 71.38 Lat. 1.13

図 1-14　ガリレオによる衛星の位置記録.

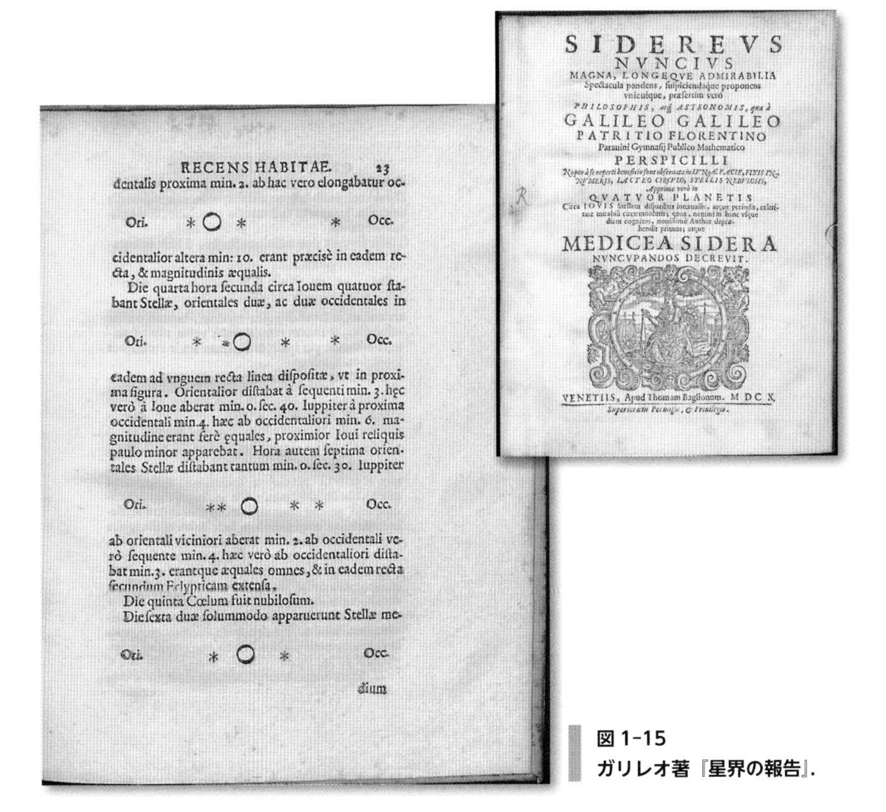

RECENS HABITAE.　23

dentalis proxima min. 2. ab hac vero elongabatur oc-

Ori.　* ○ *　*　Occ.

cidentalior altera min: 10. erant præcisè in eadem re-cta, & magnitudinis æqualis.

Die quarta hora secunda circa Iouem quatuor stabant Stellæ, orientales duæ, ac duæ occidentales in

Ori.　* * ○ *　*　Occ.

eadem ad vnguem recta linea dispositæ, vt in proxima figura. Orientalior distabat à sequenti min. 3. hęc verò à Ioue aberat min. 0. sec. 40. Iuppiter à proxima occidentali min. 4. hæc ab occidentaliori min. 6. magnitudine erant ferè ęquales, proximior Ioui reliquis paulo minor apparebat. Hora autem septima orientales Stellæ distabant tantum min. 0. sec. 30. Iuppiter

Ori.　** ○　* *　Occ.

ab orientali viciniori aberat min. 2. ab occidentali verò sequente min. 4. hæc verò ab occidentaliori distabat min. 3. erantque æquales omnes, & in eadem recta secundum Eclypticam extensa.

Die quinta Cœlum fuit nubilosum.

Die sexta duæ solummodo apparuerunt Stellæ me-

Ori.　* ○ *　Occ.

dium

SIDEREVS
NVNCIVS
MAGNA, LONGEQVE ADMIRABILIA
Spectacula pandens, suspiciendaque proponens
vnicuique, præsertim verò
PHILOSOPHIS, atq; ASTRONOMIS, quæ à
GALILEO GALILEO
PATRITIO FLORENTINO
Patauini Gymnasij Publico Mathematico
PERSPICILLI
Nuper à se reperti beneficio sunt observata in LVNÆ FACIE, FIXIS INNVMERIS, LACTEO CIRCVLO, STELLIS NEBVLOSIS,
Apprime verò in
QVATVOR PLANETIS
Circa IOVIS Stellam disparibus interuallis, atque periodis, celeritate mirabili circumuolutis; quos, nemini in hanc vsque diem cognitos, nouissimè Author depræhendit primus; atque
MEDICEA SIDERA
NVNCVPANDOS DECREVIT.

VENETIIS, Apud Thomam Baglionum. M D C X.
Superiorum Permissu, & Priuilegio.

図 1-15
ガリレオ著『星界の報告』.

木星の衛星観測からはさらに詳しい記録がなされた．ガリレオはその運動を丹念に調べ，地球の周りを月がまわるのと同じように，それらがそれぞれ木星の周りをまわる衛星であることを確かめた．そして太陽の周りをまわる惑星，その周りをまわる衛星，といった太陽中心とした太陽系のイメージを持つことになった．木星の衛星は，惑星が衛星を持つことができることを疑いなく証明した．木星の衛星たちの軌道と地球の月のそれとの類似性は，ガリレオやそれに続く天文学者たちにも理解され，コペルニクスの地動説を支持するための議論の一つとして使われていった．

今ではガリレオ衛星と呼ばれる木星の４大衛星は，ガリレオが 1610 年３月に著した『星界の報告』の中では，ガリレオが住んでいたイタリア，フィレンツェのトスカナ大公，コジモ・ディ・メディチの名をとって，メディチ星と名付けられていた．一方，ドイツの天文学者シモン・マリウスによって 1614 年に４つの衛星には個々に，それぞれ木星に近い軌道順にイオ (Io), エウロパ (Europa), ガニメデ (Ganymede), カリスト (Callisto) と名付けられた．これらは最高神ゼウスに関係するギリシャ神話に登場する人物からとったものだ．さらに木星の衛星が多数発見されてからは，この４大衛星をガリレオ衛星と呼ぶようになった．

また，ガリレオは，木星の月が木星の作る陰に入る「食」という現象の時間差を利用して，遠く離れた２地点間の経度差を測ることができることを提唱した．ただし２地点で食が起こる時刻を正確に測るための精度の高い時計がまだなかった．ガリレオは振り子の等時性の原理を発見したことでも有名だが，その原理を時計に応用しようとしたが，完成を見ずにおわった．

図 1-16　ガリレオが発見した４つの衛星，ガリレオ衛星．

図 1-17
イオ（女神ヘラの巫女）とゼウス.

図 1-18
白牛に変身したゼウスにさらわれるエウロパ.

図 1-19　わしに変身したゼウスにさらわれるガニメデ.

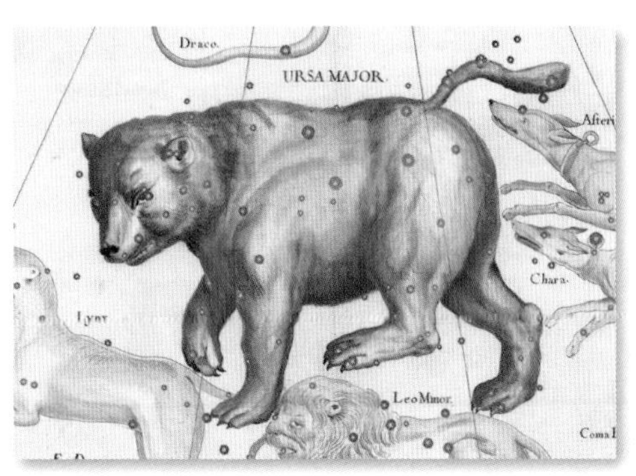

図 1-20　ゼウスの寵愛を受けたため，熊に変身させられたカリスト（おおぐま座）.

1-4 光の速さ　レーマーの発見

17世紀半ばには，ガリレオが発見した木星の衛星の公転周期に関心が高まった．衛星の位置測定には正確な時刻が必要になる．ガリレオが作ろうとしてできなかった振り子時計は，オランダの物理学者クリスティアン・ホイヘンスによって発明され，正確な時間の測定に使われるようになった．フランスの天文学者ジョバンニ・ドメニコ・カッシーニらはこの時計を用いて，離れた2地点で同時に木星の衛星の位置を観測することで，2地点間の経度差が測れることを証明しようとした．

1671年に，デンマークの天文学者オーレ・レーマーはティコ・ブラーへが天体観測をしたフヴェン島のウラニボルク城で，カッシーニはパリで数か月にわたって木星が作る紡錘(ぼうすい)状の日影に，木星の衛星の中で木星に一番近い衛星イオが隠れたり出たりする「食」という現象を観測した．彼らはその時刻を記録したものを比較してパリとウラニボルクの経度差を計算した．

カッシーニが1666～1668年の間に木星の衛星たちを観測した測定値に矛盾があることが発見された．イオの公転周期が約1.7日であることがわかっていたが，レーマーは，カッシーニが観測したイオの食の記録を調べているうちに，季節によってイオの食周期が最大で22分変化することに気が付いた．これは地球と木星の距離が季節によって変化し，光が届く時間が伸びるためではないかと考えた．この計算は1676年9月に行われ，11月にはイオの食が計算通りの時間遅れることが観測により確認された．しかし，レーマーは光の速度を求めることはしなかった．1690年にホイヘンスはこの結果から，当時知られていた太陽－地球間の距離をものさしに地球－木星間の距離の変化を用い，光速度を求めている．その光速度は秒速約21万2,000 kmだった（現在は光の速さは秒速29万9,792 km）．

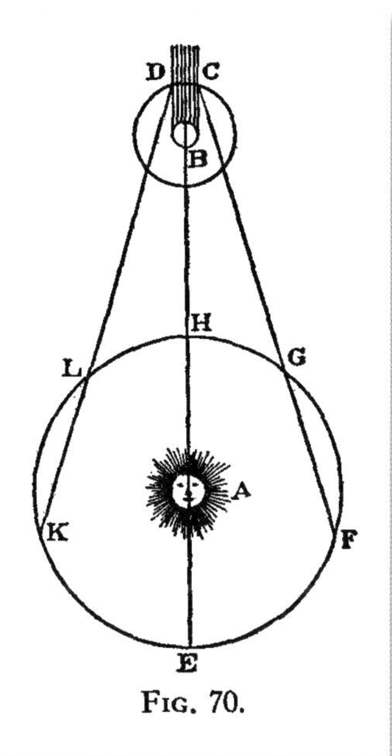

図 1-21　レーマーはイオが木星の陰に出入りする（C と D）時刻を地球の F, G, L, K でのそれぞれの季節（位置）で記録すると，地球－木星間の距離の違い（最大 E-H の地球軌道直径距離）から C と D の時刻に最大 22 分の違いが出るとした．（実際の光速度では E-H 間は 16 分 38 秒））

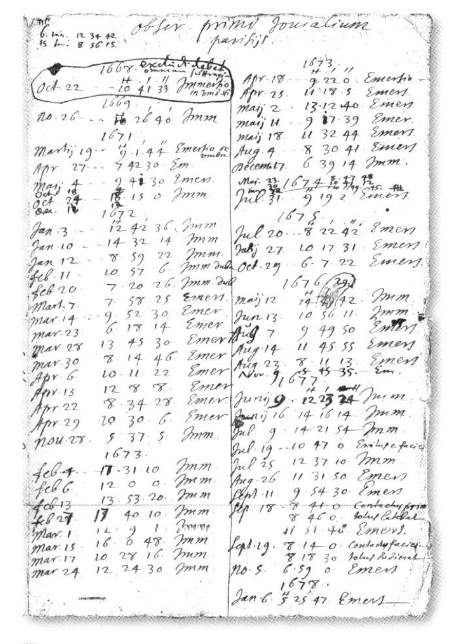
obser. primi Jovialium parisijs

1668
Oct. 22 -10 41 33 Immersio
1669
no. 26 ... 12 26 40 Imm
1671
Martij 19 ... 9 1 44 Emersio
Apr. 27 ... 7 42 30 Em.
Maij 4 ... 9 41 30 Emers.
Oct. 24 ... 12 15 0 Imm
1672
Jan. 3 ... 12 42 36 Imm
Jan 10 ... 14 32 14 Imm
Jan 12 ... 8 59 22 Imm
feb 11 ... 10 57 6 Imm
feb 20 ... 7 20 26 Imm
Mart. 7 ... 7 58 25 Emers.
mar. 14 ... 9 52 30 Emer
mar. 23 ... 6 18 14 Emer
mar. 28 ... 13 45 30 Emer
mar 30 ... 8 14 46 Emer
Apr. 6 ... 10 11 22 Emer
Apr. 13 ... 12 8 8 Emer
Apr 22 ... 8 34 28 Emer
Apr. 29 ... 10 30 6 Emer
nou. 28 ... 5 37 5 Imm
1673
feb 4 ... 17 31 10 Imm
feb 6 ... 12 0 0 Imm
feb 13 ... 13 53 20 Imm
feb 27 ... 17 40 10 Imm
Mar. 1 ... 12 9 1 [illegible]
mar 13 ... 16 6 48 Imm
mar 17 ... 10 28 16 Imm
mar 24 ... 12 24 30 Imm

1673
Apr. 18 ... 9 22 0 Emersio
Apr. 25 ... 11 18 5 Emers
maij 2 ... 13 12 40 Emers
maij 11 ... 9 37 39 Emer
maij 18 ... 11 32 44 Emers
Aug. 4 ... 8 30 41 Emers
Decemb. 7 ... 6 39 14 Imm
1674
Jul. 31 ... 9 19 2 Emers
1675
Jul. 20 ... 8 22 42 Emers
Julij 27 ... 10 17 31 Emers
Oct. 29 ... 6 7 22 Emers
1676
maij 12 ... 14 [illegible] 42 Imm
Jun 13 ... 10 56 11 Imm
Aug. 7 ... 9 49 50 Emers
Aug 14 ... 11 45 55 Emers
Aug 23 ... 8 11 13 Emers
Nov. 9 ... 5 45 35 Em.
1677
Junij 9 ... 12 23 24 Imm
Junij 16 ... 14 16 14 Imm
Jul 9 ... 14 21 54 Imm
Jul 19 ... 10 47 0 [illegible]
Jul 25 ... 12 37 10 Imm
Aug 26 ... 11 31 50 Emers
Sept 11 ... 9 54 30 Emers
Sep 18 ... 8 41 0 [illegible]
8 46 0 [illegible]
11 31 40 Emers
Sept 19 ... 8 14 0 [illegible]
8 18 30 [illegible]
no. 5 ... 6 59 0 Emers
1678
Jan 6 ... 5 25 47 Emers

図 1-22　レーマーの木星の衛星イオが木星の陰に出入りする時刻を記録したノート．

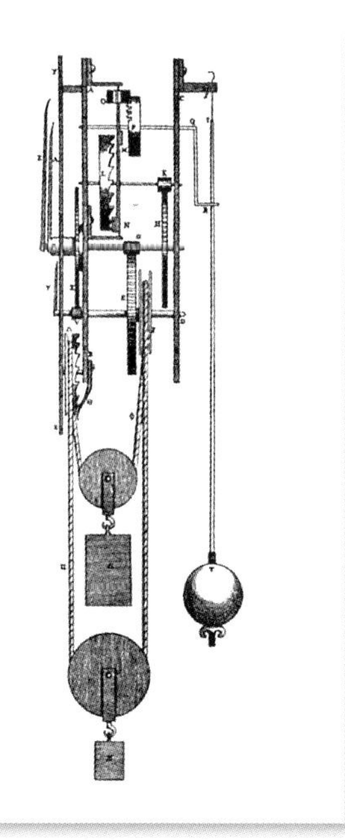

図 1-23　ホイヘンスが製作した振り子時計．

振り子は丸く描かれた部分．時計を動かすためのおもりが吊り下げられている．

1-5 赤い斑点と楕円形の星

木星を望遠鏡で見ると，太い２本の縞が赤道に沿って平行に見ることができる．さらに運がよいと赤い楕円形をした模様が，木星の南半球に見ることができる．これは大赤斑と呼ばれ，一時期消失したが，現在，見えているのは 140 年ほど前に再度出現したものだ．

大赤斑らしきものを最初に見たのは，1664 年，イギリスの科学者ロバート・フックで，木星に大きな赤い斑点を見たと報告した．また，木星そのものが，やや楕円形をしていることを見出した．

1665 年に，カッシーニは彼が残した木星のスケッチに楕円形の「木星の眼」として記録した．これが大赤斑と呼ばれる木星上に今でも見られる巨大な赤い斑点の最初の観測記録であった．大赤斑は 1665 ～ 1708 年の間に少なくとも 8 回出現したが，その後消えてしまった．再び 1878 年に著しく目立つ赤い姿が現れ，その後は大きさや濃さは変化しつつも現在でも南半球に存在している．

1690 年，カッシーニは木星の縞模様を作る雲が緯度によって異なる差動回転をしていることを初めて観測した．

天文学者たちは，大赤斑は木星の大気中の何かと考え，雲に突き出た島であることを示唆したが，何世紀にも渡ってこの地点は雲の平均的な動きに対して前後しながら惑星の周りを漂い，まるで大気中の渦であるかのように，雲の流れの中を移動した．大赤斑は小さくなったり，薄く消えかかったりしたことがあるが，1878 年以後現在まで完全に消失したことはない．

以後，木星は世界各地に建設された大型望遠鏡を持つ天文台で観測され，太陽系最大の惑星，木星の観測が進んでいった．

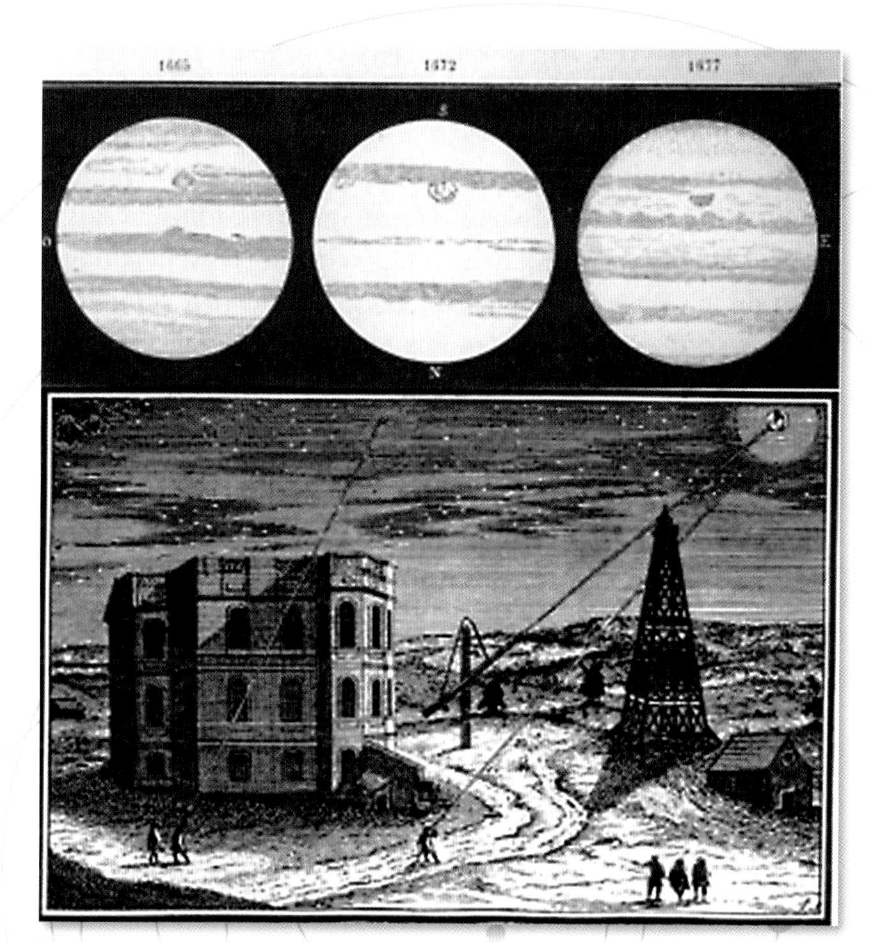

図 1-24　カッシーニによる 1665 ～ 1677 年までの恐らく大赤斑であろうと思われるスケッチ．南が上．下図はカッシーニが観測に使ったパリ天文台の空気望遠鏡．

1-6 耳のついた星

土星というと，リングを持った惑星と連想されるが，1610年，ガリレオは，初めて土星を望遠鏡で観測した．彼の望遠鏡の精度がよくなかったために，土星の両側には2つの大きな月があると考えた．彼は，「土星と両側の星は単一の星ではないが，互いに接触し，互いに対して変化したり移動したりすることはなく，中央の土星は両側の月の3倍の大きさだ．月は横方向にあり，この形で固定している．」と報告した．彼はまた，両脇の星を「まるで花瓶の取っ手のような耳が付いている」と形容した．同じ時期に木星の衛星を発見していたガリレオは，土星にも寄り従う星＝衛星，があると考えたが，両側の星は木星の衛星のように動きがないことや，あまりにも土星本体に近すぎることなどから，1612～1613年にかけて，再び土星を観測した．ガリレオは，そこで1610年に見た「2つの小さな星」が徐々に小さくなり，消えたという事実にさらに困惑した．「耳のような両脇の星」が消えてしまったのだ．さらに2年後，再び土星を見たところ，「耳」が戻ってきたことを知り，耳はある種の「腕」であると結論付けた．

ガリレオは，結局，その「耳のような星」の正体が「リング」であることは突き止められなかった．「耳」が「リング」であることを発見したのは，オランダの天文学者ホイヘンスで，ガリレオの最初の観測から45年後の1655年のことだった．

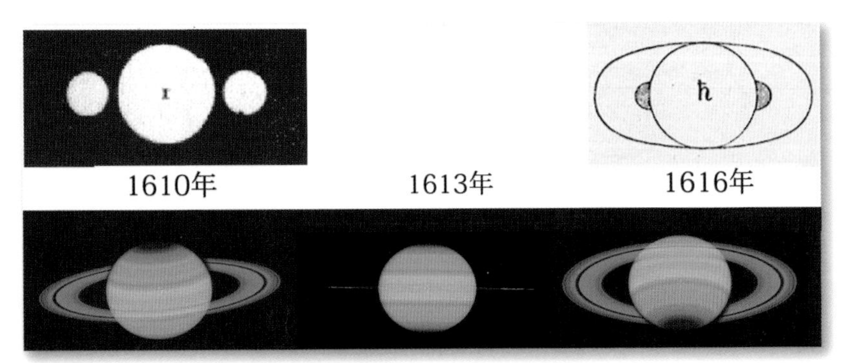

図 1-25 ガリレオが記した土星の形の変遷と実際の土星の形状（1613年にリングの消失があった）．
Galileo's drawing of Saturn, 1610, 1616 に StellaNavigator11/AstroArts で加筆

ホイヘンスはガリレオが使っていた望遠鏡よりも高い倍率で，しかも見かけ視野の広い望遠鏡を製作した．1659 年に，改良された望遠鏡の観測から，「腕」は実際には土星を取り巻いているリング，であるとした．ホイヘンスはまた土星の月，タイタン（Titan）を発見した．

ホイヘンスの発見から数年後，カッシーニは，タイタンに続く土星の 4 つの主要な月，イアペタス（Iapetus），レア（Rhea），テティス（Tethys），そしてディオネ（Dione）を発見した．さらに 1675 年に，彼は土星のリングを２つの部分に分割している狭いすき間を発見した．今では「カッシーニの空隙（くうげき）」と呼ばれている．

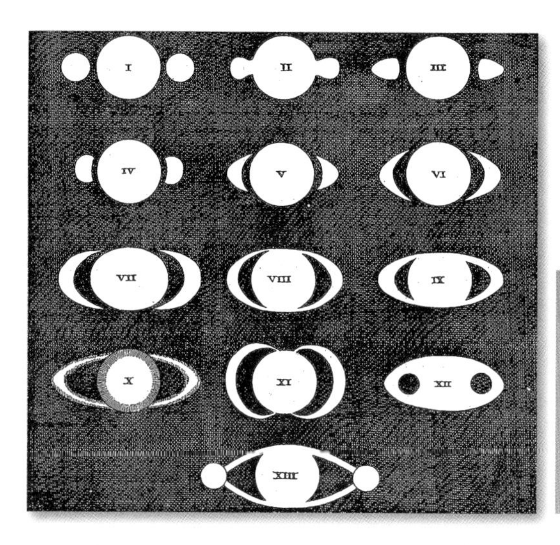

図 1-26
1659 年に，ホイヘンスが著した『土星のシステム』で，1610 年のガリレオに始まり 1650 年にかけて９人の観測者の土星のイメージが載せられている．まだリングがある，と確信できていない．

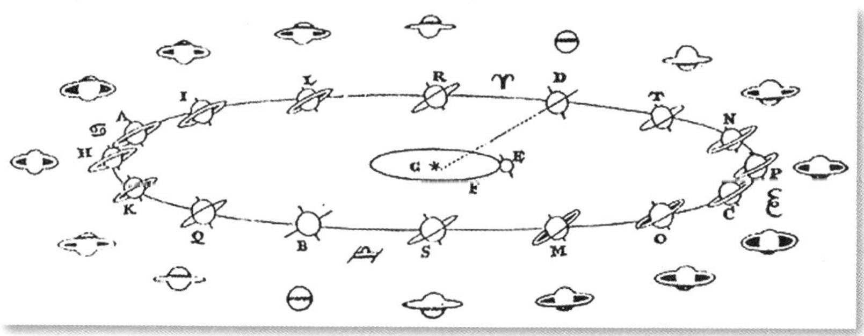

図 1-27 ホイヘンスは土星の周りをリングが取りまいているとした．

Column 1

ギリシャの神々

衛星の名前は，惑星にまつわるギリシャ神話に登場する神々，妖精，人物から選んでつけられてきた．

木星の衛星は，ギリシャ神話のゼウスやローマ神話のユーピテルの愛人やお気に入りの人物の名前に加え，子孫の名前も命名されている．近年は衛星の名称の一般公募も行われるようになった．

土星の衛星は 1847 年にイギリスの天文学者ジョン・ハーシェルによって，当時発見されていた 7 つの衛星に名前が与えられた．彼はタイタンの神々の名前を使った．土星ではギリシャ神話やローマ神話以外の神話に登場する巨人や怪物の名前をつけることとし，北欧神話，ケルト神話，イヌイット神話から命名されている．なお，この表にないが，土星の衛星ミマス，エンケラドスは，ギリシャ神話の怪物ギガンテス（巨人族）の一員とされる．

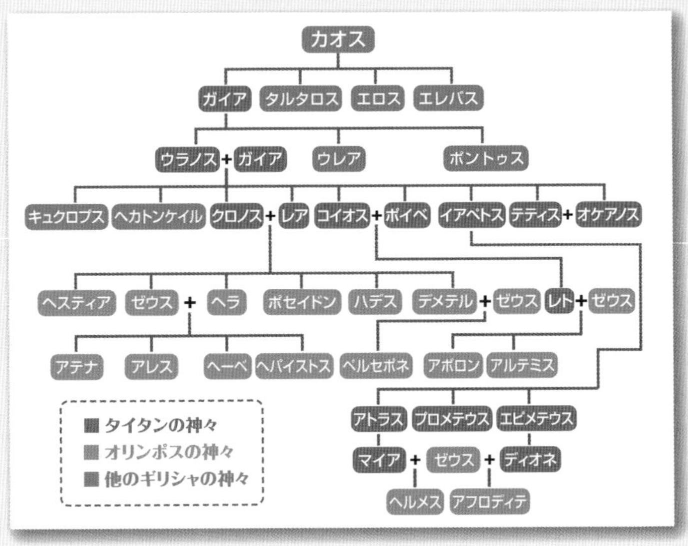

ギリシャ神話の主な神々

第2章

木星・土星の見方, 楽しみ方

2-1 木星と土星の星空での動き

夜空に光る木星と土星は見かけ上，黄道上を動いている．黄道には，12の黄道星座が並んでおり，その星座の中を西から東へと動いていく．その動く速さは，およそ木星は1年に1星座，土星は2，3年で1星座を移っていく．

太陽系を北側から見下ろした時，太陽系の惑星たちは左回りにまわっている．そのスピードはケプラーの法則で説明されるが，太陽に近い惑星ほど速度が速い．

惑星たちが太陽の周りを一回りする公転周期とその公転速度は表2-1を見ると，地球の公転周期，1年を単位にして，木星は11.86年，土星は29.46年である．地球のすぐ外側の惑星，火星は1.88年であり，火星から木星ではいきなり6倍以上も公転周期が長くなる．木星より外側の惑星はそれだけ太陽から離れているということでもあり，火星と木星を境に内惑星，外惑星として分けて考えることもある．

惑星の見かけの動きは，黄道上を左回りに西から東へと動きながら，「順行－留－逆行－留－順行」という動きを繰り返す．太陽をケプラー回転している惑星の動きの特徴で，内側の惑星ほど速く動く．その速度は，地球は秒速29.8 kmだが，一番速い水星は，秒速47.4 km，それに対して木星は秒速13.1 km，土星は9.7 kmだ．常に地球は木星，土星より速い公転速度で，しかも内側の短い軌道をまわっている．トラック競技でたとえると，インコースを足の速いランナーが走れば，アウトコースを走る足の遅いランナーに必ず追いつき，追い越すことになる．その追いついて抜き去る時が最も近づく時であり，その後は地球の後方に遠ざかっていく動きとして見ることになる（図2-1，2-2）．

木星も土星も，ほぼ毎年地球に抜かれるため，毎年見頃の時期が訪れることになる．それが外惑星の「衝」に当たる時期で，地球と外惑星が出会う周期を「会合周期」という．木星との会合周期は398.9日，土星との会合周期は378.1日だ．衝の位置に来た惑星はちょうど真夜中に南中（真南に位置）する（図2-4）．

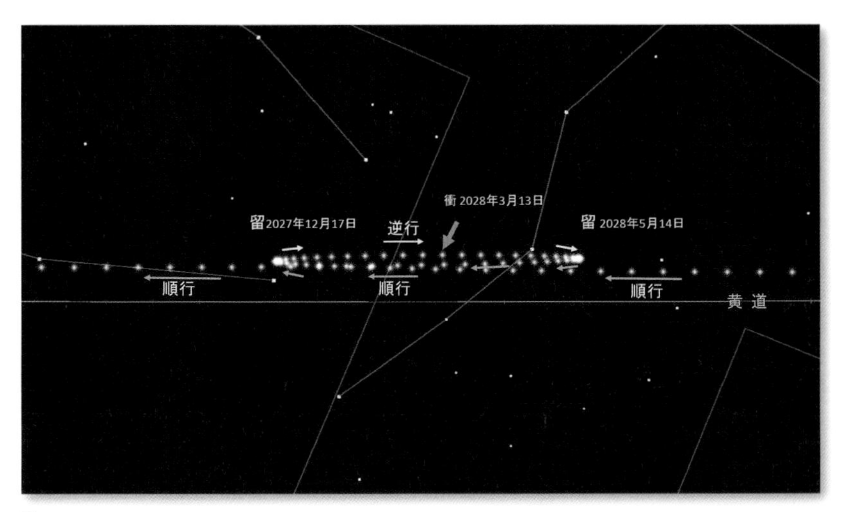

図 2-1　木星の星空での動き.

2028 年 3 月, しし座の東端で衝となる木星の動きを 5 日おきに示した. 木星は黄道上を西から東に動き, 衝の前後で西に動きを変える逆行運動をする. 逆行している期間は約 5 か月ある.

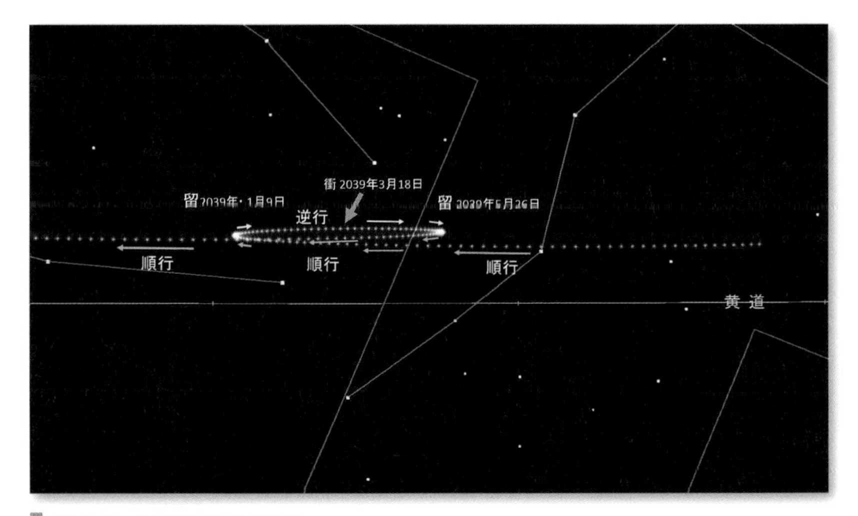

図 2-2　土星の星空での動き.

2039 年 3 月, おとめ座で衝となる土星の動きを 5 日おきに示した. 木星と同じく逆行中に衝となるが, 逆行している期間は約 4 か月半となる. 衝前後のループ状の運動は木星に比べると, 小さく見える.

衝の時期の惑星は,日の入り時に,東の地平線から昇り,真夜中に南中する.衝の時期に高く昇った惑星を見るには,日の入りから2時間くらい過ぎてから夜半にかけて見頃となる.衝を過ぎると昇る時刻は早くなっていく.木星,土星は火星と違って衝を過ぎても地球との距離は大きく変化しない.夕方,南の空に光っているのに気づいてから見ても,目で見た時の明るさや望遠鏡で見た時の大きさは火星や金星のような大きな違いはない.

木星の場合,地球との距離は,2020年の衝の時で4.14天文単位(au).光度(明るさ)は-2.8等.視直径(見かけの直径)は47.6秒角.「天文単位」は太陽—地球間の距離,約1億5,000万kmを1天文単位(au)としたもので,太陽系内の天体間の距離を測る際の物差しとして使われる.視直径は木星の大きさを角度で表したものだが,度の単位では小さすぎるため,秒の単位,角度1度の1/3,600を1秒角とした単位を用いる.

木星が衝となる7月14日は,地上から見た木星の動きは,日の入り直後に東の地平線から昇り,ほぼ真夜中に南中となる.衝から2か月後,

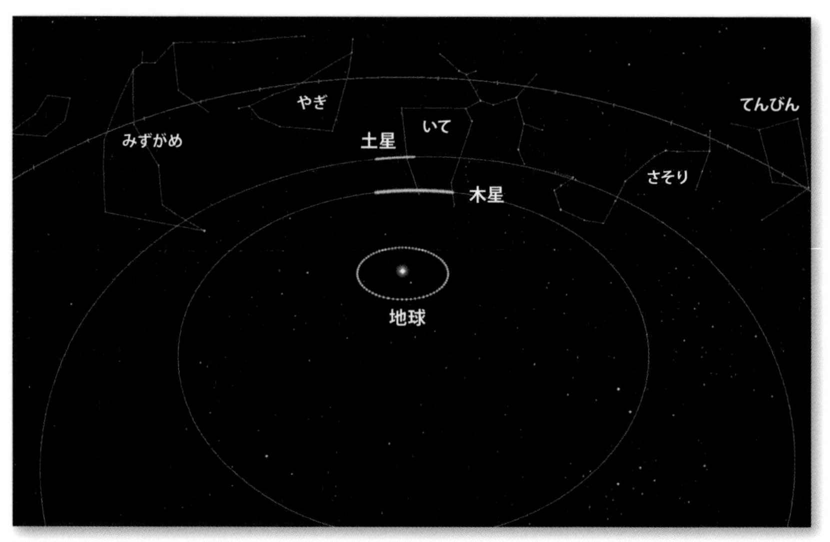

図2-3　2020年の木星と土星の太陽系内での動き.
木星は土星より秒速3.4 km速い速度で内側を公転している.木星はこの年に土星を追い越してゆく.次に土星を追い越すのは20年後の2040年になる.
©StellaNavigator11/AstroArts

木星は日の入り時に南中となり，宵の空でとても目立つ存在になる．この時期を東矩(とうく)という．この 2 か月で地球との距離は 4.62 天文単位と，約 0.5 天文単位離れるが，明るさは−2.5 等，視直径は 42.6 秒角と，明るさで 0.3 等暗くなり，直径で 10％ほど小さくなる程度の変化だ．

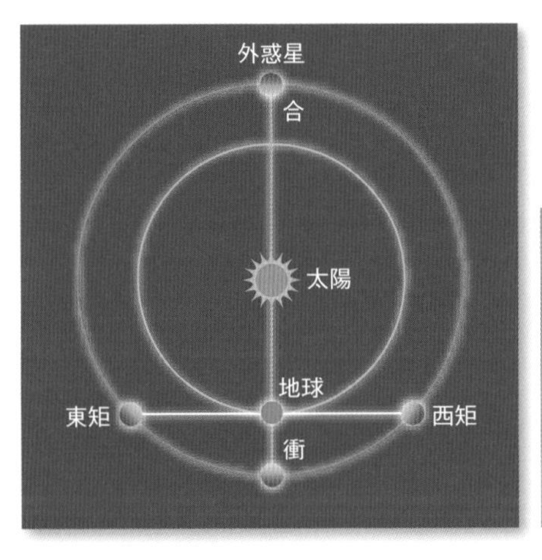

図 2-4　外惑星の位置と呼び名.
「合」は地球と外惑星の間に太陽が入る位置で地球と外惑星は最も離れる．昼の正午に南中する．「衝」は太陽と外惑星の間に地球が入る位置で地球と外惑星は最も近づく．真夜中に南中する．「矩(く)」は，外惑星，地球，太陽が直角になる位置．東矩は日の入り時に，西矩は日の出時に南中する．

表 2-1　太陽系の惑星

	半　径（km）	質　量（地球を1）	軌道傾斜角（度）	軌道長半径（au）	公転周期（年）	公転速度（km /s）	自転周期（日）
水星	2,440	0.055	7.0	0.39	0.24	47.4	58.65
金星	6,052	0.82	3.39	0.72	0.62	35.0	243.02（逆行）
地球	6,378	1	0	1	1	29.8	0.9973
火星	3,396	0.107	1.85	1.52	1.88	24.1	1.0260
木星	71,492	317.8	1.30	5.20	11.86	13.1	0.414
土星	60,268	95.2	2.49	9.55	29.46	9.7	0.444
天王星	25,559	14.5	0.77	19.22	84.02	6.8	0.718（逆行）
海王星	24,764	17.2	1.77	30.11	164.77	5.4	0.671

理科年表（2019）より

2

2-2 木星，土星がよく見える時期

表 2 -2，2-3 の 2020 ～ 2050 年まで 30 年間の木星，土星の衝の時期を見てみよう．この表からも木星が毎年黄道上をほぼ 1 星座ずつ，土星は 2，3 年で 1 星座ずつ移っていくことが見て取れる．

地球が木星，土星を追い越す際に作る「順行－留－逆行－留－順行」のループの大きさは木星がほぼ 5 か月，土星は 4 か月半程度かかる．木星，土星の衝の時期を見ていくと，木星が衝となるのは毎年 34 日ほど後にずれていく．土星が衝となるのは毎年 13 日ほど後だ．このずれる量が木星，土星が公転してそれぞれの軌道上を 1 年間に動く分に相当している．

また 2020 年 7 月と 2041 年 4 月に，木星と土星がほぼ同じ時期に衝を迎える．木星土星の会合周期は 19.9 年ほどなので，20 年に一度，木星と土星が同じ星座で会合することになる（図 2-5，2-6）．

この前後 3，4 年は木星と土星を同じ季節の星空に見ることができる．2020 年はやぎ座で，2041 年はおとめ座で木星と土星が並ぶので，2020 年前後は秋，2041 年前後は春に両惑星を見られることになる．

木星も土星もほぼ黄道上を動いていくが，木星の軌道は黄道に対する傾斜が 1.3 度ほどであり，ほとんど黄道の真上を動いていくといってよい．そのため，木星は黄道の南北方向へずれることがほとんどない．あえていえば，最も離れるのはおとめ座とうお座の中を動いている時だ．

土星の軌道傾斜角は 2.5 度．これも小さな角度だが木星のそれより倍近く大きい．土星が黄道から最も離れるのは，木星同様，おとめ座とうお座の中を動いている時だ．

これらから，木星と土星は同じ星座上で一緒に黄道の北を通る時と南を通る時がある．木星と土星が会合する際，最接近時は見かけの角度で 1.2 度くらいまで近づくことになる．さらに 2 つの軌道が見かけ上交差する付近で会合が起こる時はさらに距離が近づく．それは 2 か所あり，いて座とやぎ座の境付近での会合が起こる，黄道座標で黄経が 305 度付近と，かに座で会合が起こる，黄経が 130 度付近となる．

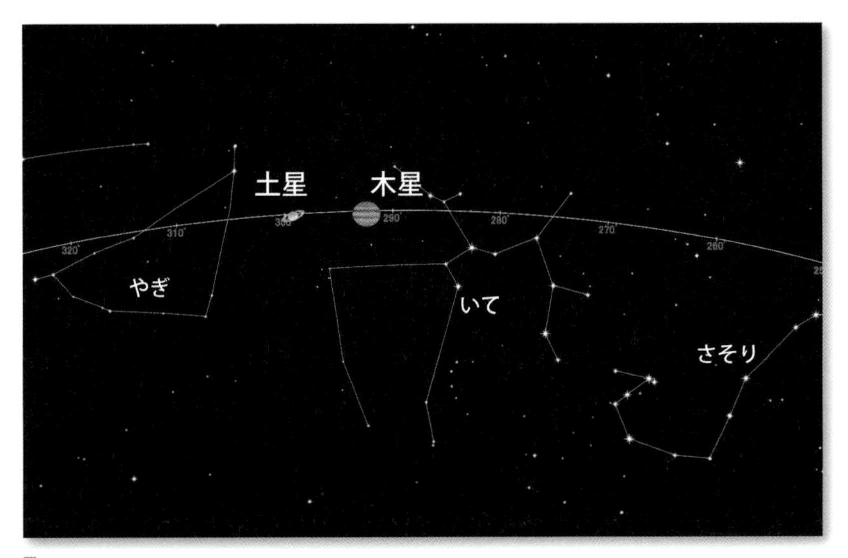

図 2-5　2020 年 7 月の木星と土星のいて座での会合.
14日に木星, 21日に土星が衝となる. このあと12月に6分角まで接近する. (黄色い線は黄道)
©StellaNavigator11/AstroArts

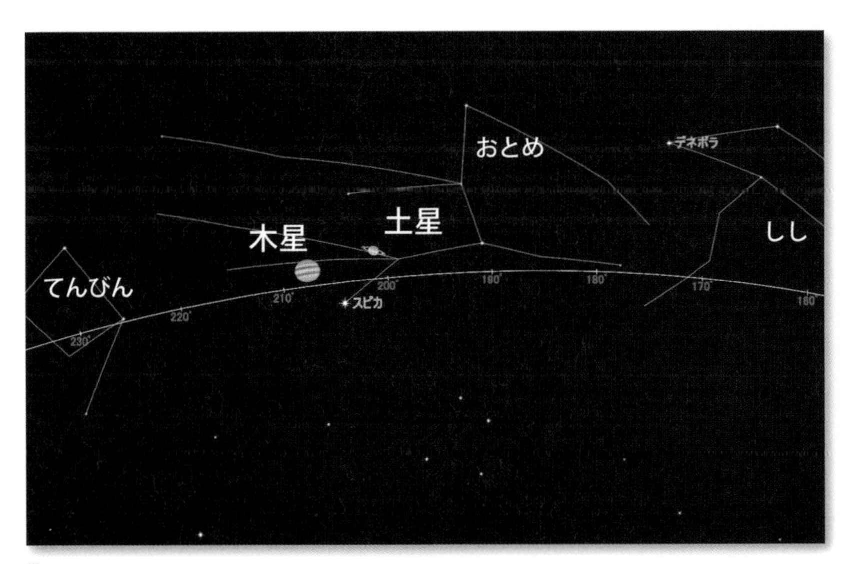

図 2-6　2041 年 4 月の木星と土星のおとめ座での会合.
11 日に木星, 12 日に土星が衝となる.
©StellaNavigator11/AstroArts

2

木星・土星の見方、楽しみ方

表 2-2　木星が衝となる日（2020 ～ 2050 年）

衝となる日	衝の時の星座	衝となる日	衝の時の星座
2020年 7 月14日	♐ いて	2035年11月8 日	♈ おひつじ
2021年 8 月20日	♒ みずがめ	2036年12月13日	♉ おうし
2022年 9 月27日	♓ うお	2038年 1 月15日	♊ ふたご
2023年11月3 日	♈ おひつじ	2039年 2 月16日	♌ しし
2024年12月8 日	♉ おうし	2040年 3 月17日	♍ おとめ
2026年 1 月10日	♊ ふたご	2041年 4 月17日	♍ おとめ
2027年 2 月11日	♌ しし	2042年 5 月18日	♎ てんびん
2028年 3 月13日	♌ しし	2043年 6 月20日	♐ いて
2029年 4 月13日	♍ おとめ	2044年 7 月24日	♑ やぎ
2030年 5 月14日	♎ てんびん	2045年 8 月31日	♒ みずがめ
2031年 6 月15日	♏ さそり（へびつかい）	2046年10月8 日	♓ うお
2032年 7 月19日	♐ いて	2047年11月13日	♈ おひつじ
2033年 8 月26日	♒ みずがめ	2048年12月17日	♉ おうし
2034年10月3 日	♓ うお（くじら）	2050年 1 月19日	♋ かに

表 2-3　土星が衝となる日（2020 ～ 2050 年）

衝となる日	衝の時の星座	衝となる日	衝の時の星座
2020年 7 月21日	♐ いて	2036年 2 月 5 日	♋ かに
2021年 8 月2 日	♑ やぎ	2037年 2 月18日	♌ しし
2022年 8 月15日	♑ やぎ	2038年 3 月 4 日	♌ しし
2023年 8 月28日	♒ みずがめ	2039年 3 月18日	♍ おとめ
2024年 9 月9 日	♒ みずがめ	2040年 3 月30日	♍ おとめ
2025年 9 月22日	♓ うお	2041年 4 月12日	♍ おとめ
2026年10月5 日	♓ うお（くじら）	2042年 4 月24日	♍ おとめ
2027年10月19日	♓ うお	2043年 5 月 6 日	♎ てんびん
2028年10月31日	♈ おひつじ	2044年 5 月18日	♎ てんびん
2029年11月14日	♈ おひつじ	2045年 5 月30日	♏ さそり（へびつかい）
2030年11月28日	♉ おうし	2046年 6 月11日	♏ さそり（へびつかい）
2031年12月12日	♉ おうし	2047年 6 月23日	♐ いて
2032年12月25日	♊ ふたご	2048年 7 月 4 日	♐ いて
2034年 1 月8 日	♊ ふたご	2049年 7 月16日	♐ いて
2035年 1 月22日	♋ かに	2050年 7 月28日	♑ やぎ

2020 年 12 月 22 日の木星，土星の接近会合　黄経 300 度

2020 年 12 月 22 日にやぎ座で起こる会合では，木星と土星の距離は角度で 6 分，1 度の 1/10 という近さに接近する．これは，望遠鏡で見かけの視界が，月の大きさである 30 分角の視野の倍率，おおよそ 50 〜 100 倍をかけて見た時，同じ視野の中に余裕で入るほど近い．このような大接近は大変珍しく，次はやぎ座で 2080 年 3 月 15 日黄経 312 度で起こるまでないのだ．

太陽系の惑星たちの会合や接近は，特に明るい金星，木星との接近が目立つ．とはいえ，水星，金星，火星は動きが速く，見える時刻も夕方から宵の空とは限らないので事前の準備が必要である．次に，2050 年頃までの主な惑星同士の会合，月との接近，さらに，掩蔽（えんぺい）という月が惑星の前を通り惑星を隠す，惑星食ともいう現象についても見ていくことにする．

2-3 惑星会合

星空で明るく目立つ惑星同士が接近遭遇する様子を見るのは興味深いものである．さらに，3 つ以上の惑星会合となると，めったに見られるものではなく，注目度ががぜん増すものだ．

惑星のうち，内惑星の水星，金星は，明け方の東空か夕方の西空に出現が限られるので，それらと外惑星の火星，木星，土星との会合は明け方か夕方になる．一方，外惑星同士であれば自由度は増してくる．

木星と土星が近くに並んで見られるのは，先にも述べた通り実は意外と少なく，2020 年の夏と 2041 年の春，30 年間の間に 2 度しかない．

さらに，他の惑星とも接近遭遇を繰り返すが，中でも水星，金星，火星とともに 5 惑星がそろって集まるのは，とても珍しい．なんと 2040 年に見られるのみである（ちなみに次に見られるのは 2100 年）．

火星，金星，木星，土星の 4 惑星の会合や接近，さらに月との接近は，見栄えのする現象だ．特に明るい金星と木星の接近は目立つものだ．とはいえ，金星や火星は動きが速く，見える時刻も夕方とは限らないので事前の確認と見晴らしのよい場所の下見など準備が必要である．

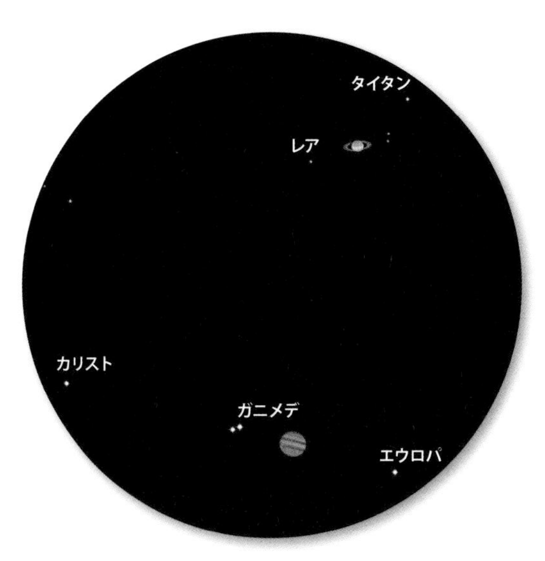

図 2-7　2020 年 12 月 22 日にやぎ座で起こる木星と土星の会合.
木星と土星の距離は角度で 6 分．望遠鏡倍率 100 倍程度で木星と土星，それぞれの衛星たちを一緒に眺めることもできるだろう.
©StellaNavigator11/AstroArts

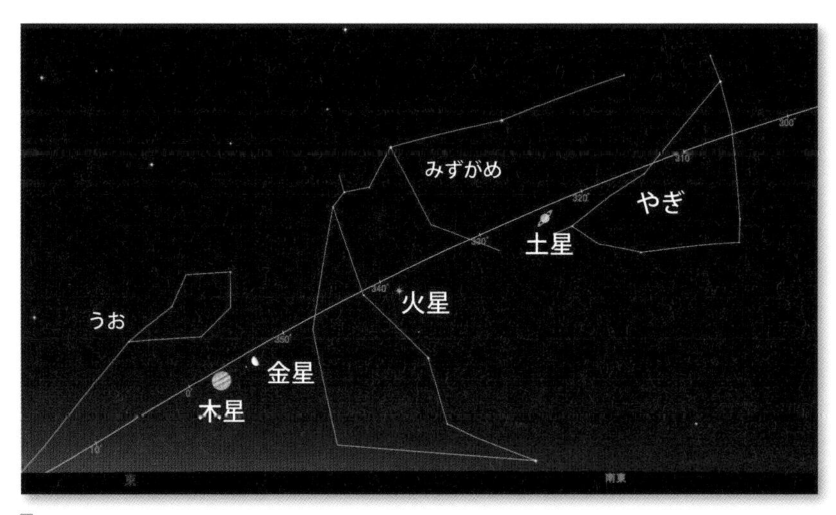

図 2-8　2022 年 4 月 27 日にみずがめ座付近で起こる 4 惑星の会合.
明るい惑星たちが明け方の空に勢ぞろいする.
©StellaNavigator11/AstroArts

3惑星が集まって見える時

日付	方角	惑星	見方
2022年5月1日	朝方東	金星 火星 木星	肉眼 金星と木星は低倍率望遠鏡でも
2026年6月9日	夕方西	金星 木星 水星	肉眼・双眼鏡視
2036年6月15日	朝方東	水星 金星 木星	肉眼
2040年11月5日	朝方東	水星 木星 土星	肉眼
2041年11月5日	朝方東	水星 金星 土星	肉眼
2044年12月18日	朝方東	水星 金星 土星	肉眼

4惑星が集まって見える時

日付	方角	惑星	見方
2021年2月13日前後	朝方東	水星 金星 木星 土星	肉眼
2022年3月2日	朝方東	水星 金星 火星 土星	水星土星は双眼鏡
2022年4月中旬～5月下旬	朝方東	金星 火星 木星 土星	肉眼

5惑星が集まって見える時

2040年9月9日前後，5惑星と月が夕方の西空に並ぶ．秋の西空は黄道が西から南西に浅く寝ているため，惑星の並びも西から南西に，木星（−1.7等），水星（−0.1等），土星（0.9等），金星（−3.9等），火星（1.7等）と並んでいる．さらに2022年6月下旬の明け方に，5惑星＋天王星，海王星の7惑星と月が東から南の空に並ぶ．

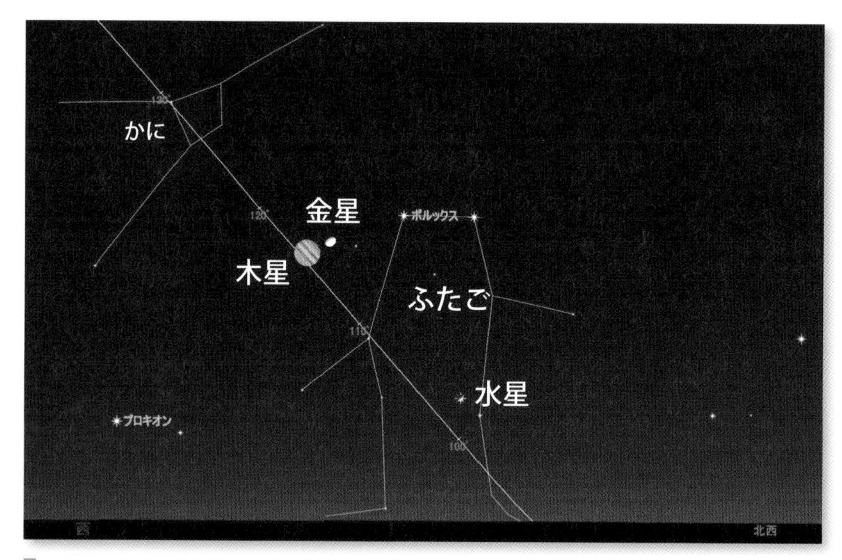

図 2-9　2026 年 6 月 9 日の金星木星と水星のふたご座での会合.
16 日に水星は東方最大離角となり，1 年で最も見つけやすい時期である.
©StellaNavigator11/AstroArts

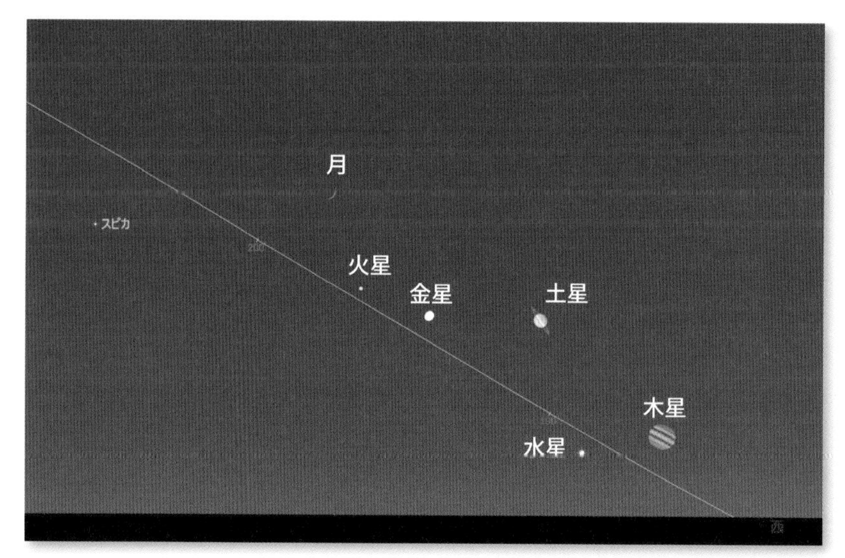

図 2-10　2040 年 9 月 9 日前後に 5 惑星と月が夕方の西空に並ぶ.
5 惑星が一つの方角に集まるのは珍しい現象だ.
©StellaNavigator11/AstroArts

双眼鏡や望遠鏡で見られる会合

双眼鏡で覗くと星空の広い視野の中に惑星が明るい星として輝いて見られる特徴がある．惑星が星座の中にある1等星に近づいたり，「すばる」のような星団に近づいて，中に入り込んでいるのが見えたりもする．また，口径3 cm倍率8倍程度から木星の4大衛星が確認できるので，ガリレオが行ったように衛星の動きを日々追いかける，といったことまで可能である．

では，倍率が5～10倍の双眼鏡や30～100倍程度の望遠鏡で見られる特に興味深い惑星の接近を見ていこう．

日付	方角	惑星	距離	見方
2020年12月22日	夕方西	木星　土星	0.1度	肉眼・双眼鏡・100倍望遠鏡
2023年3月2日	夕方西	金星　木星	0.5度	肉眼・低倍率望遠鏡
2024年3月22日	朝方東	金星　土星	0.3度	肉眼・低倍率望遠鏡
2025年8月12日	朝方東	金星　木星	0.9度	肉眼・双眼鏡・低倍率望遠鏡
2037年7月22日	夕方西	金星　土星	0.1度	肉眼・双眼鏡・100倍望遠鏡

2-4 惑星食

星空で明るく目立つ惑星同士が接近遭遇する様子を見るのは興味深いものである．さらに，月が惑星の前を通り，隠す現象を掩蔽（えんぺい）や惑星食という．

惑星食のうち，木星が月に隠される現象を木星食，土星の場合は土星食と言い表されている．どちらも起こる頻度は高いが，白昼起こることも稀ではないため，日本から見えるチャンスは意外と少ない．2050年までに起こる惑星食のうち，日本からよく見える木星食と土星食は各1回にすぎない．以下に食の進行の概略を説明する．

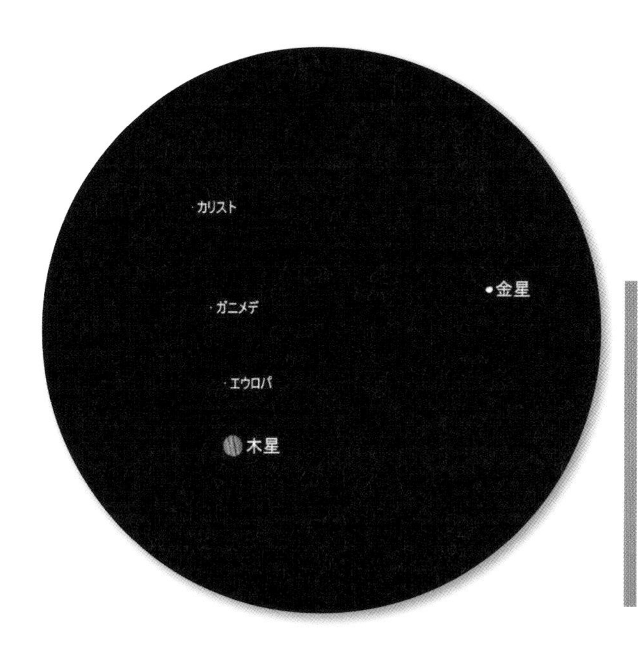

図 2-11
2023 年 3 月 2 日にうお座で起こる木星と金星の会合.
木星と金星の距離は角度で 0.5 度. 倍率 50 倍程度で木星と金星を一緒に眺めることができる.
©StellaNavigator11/AstroArts

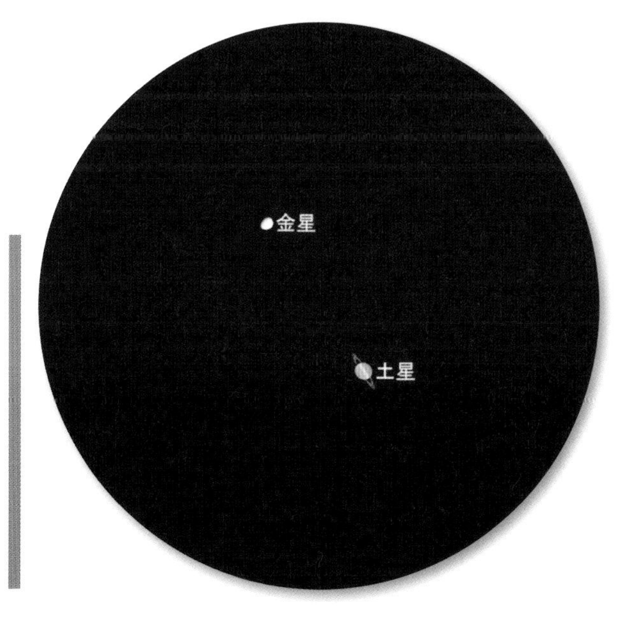

図 2-12
2037 年 7 月 22 日にしし座で起こる土星と金星の会合.
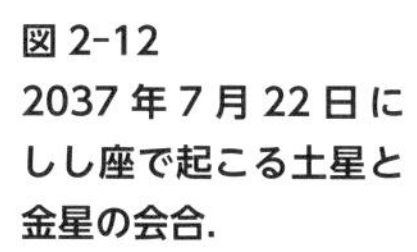
18 時過ぎに最接近となる. 土星と金星の距離は角度で 0.1 度. 倍率 100 ～ 200 倍程度で金星と土星, それぞれの拡大像を一緒に眺めることもできるだろう.
©StellaNavigator11/AstroArts

木星，土星星食	食の名称	現象が起こる時	現象が見られる場所
2024年 7 月25日	土星食	朝方の現象	全国で見える
2024年12月 8 日	土星食	日の入の頃	日本海側の一部を除く全国で見える
2025年 2 月 1 日	土星食	白昼の現象	関東の一部を除く全国で見える
2034年10月26日	木星食	夜半過ぎの現象	全国で見える

2024 年 7 月 25 日の土星食

食を見る地域	食の始まり(潜入)	食の終了(出現)
北海道	6 時 28 分	7 時 28 分
東北・関東	6 時 30 分	7 時 23 分
東海・近畿	6 時 27 分	7 時 23 分
中国・四国	6 時 23 分	7 時 21 分
九　州	6 時 22 分	7 時 18 分
沖　縄	6 時 22 分	7 時 08 分

月齢 19 の満月を過ぎた月に隠される．始まりは午前 6 時 25 分頃，西空で起こる．すでに太陽が東空に出ているため，月は青空の中に見える．土星は肉眼ではわからないだろう．望遠鏡でかろうじて見えるくらいだ．始まりは月の昼側（明縁）から入り（潜入という），56 分ほどで夜側（暗縁）から現れる．終了時は地上からの高さが 15 度ほどになり，かなり低くなる．

2034 年 10 月 26 日の木星食

食を見る地域	食の始まり(潜入)	食の終了(出現)
北海道	1 時 6 分	2 時 7 分
東北・関東	1 時 9 分	2 時 5 分
東海・近畿	1 時 5 分	2 時 3 分
中国・四国	1 時 2 分	2 時 0 分
九　州	1 時 0 分	1 時 57 分
沖　縄	1 時 9 分	1 時 42 分

月齢 13.4 の満月に近い月に隠される．始まりは午前 1 時頃，西空で起こる．木星は始め，月の東側，見た目には上に見えているが, 月の夜側（暗縁）から入り（潜入), 昼側（明縁）から出て（出現）くる．月の後ろに隠れている時間は 1 時間ほどだ．

木星食はガリレオ衛星も隠されるので，ガリレオ衛星の食も楽しめる．観察には，月全体が視野に入る程度の倍率の双眼鏡や望遠鏡が見やすい．高倍率で月の縁にだんだん入り込んでいく様子を観察することも面白い．

図 2-13
2002 年 1 月 25 日に見られた土星食.
© 平塚市博物館

図 2-14
2024 年 7 月 25 日朝の西空に見られる土星食.
©StellaNavigator11/AstroArts

図 2-15
2034 年 10 月 26 日夜半過ぎに見られる木星食.
©StellaNavigator11/AstroArts

2-5 木星の 4 大衛星

木星には 4 個の明るい「ガリレオ衛星」がある．これらは 1610 年にガリレオが，木星の周りを公転する天体であることを観測から発見したものだ．それぞれ，内側の軌道順にイオ，エウロパ，ガニメデ，カリストと名前がついている．明るさは 5 ～ 6 等級くらいなので，口径 3 cm 8 倍程度の双眼鏡や 30 倍程度の望遠鏡でも簡単に見ることができる．

衛星は本体の木星の赤道面に並んでいる．したがって，楕円形の木星の赤道に沿って見える．

しかし，実際に見てみると，いつも 4 つ見えているわけではないし，常に近い順に並んで見えるわけでもない．ガリレオ衛星のうち，一番木星に近いイオは木星の周りを 1.76 日で一回りする．一方，一番外側のカリストは 17 日かかる．このため，ガリレオ衛星の位置は日々変化し，木星の裏側にまわったり，その影に入って見えなくなることもある．

4 つの衛星とも明るさや大きさもみな同じような点像の星に見え，どれがイオ，エウロパ，ガニメデ，カリストなのか，見分けがつきにくい．そのため，17 世紀のカッシーニの時代から衛星の位置予報が作られている．日本では誠文堂新光社が毎年発行している『天文年鑑』などの観測ガイドで日ごとの 4 大衛星の周期表が載せられている．

観察する日時が決められている場合，あらかじめ位置を調べるには，アストロ・アーツ社の天文ソフト「ステラナビゲータ」や，フリーソフトなどで確認することもできる．さらに衛星の動きで興味深い，衛星が木星の影に入る衛星食，木星本体上に見える衛星の影，衛星同士の食，木星上や大赤斑に映る衛星の黒い影，などをシミュレーションしながら観察する日時を決める，という使い方もできるだろう．

ガリレオ衛星には，もう一つ興味深い運動の特徴がある．それは，イオ，エウロパ，ガニメデの 3 つの衛星はその動きが互いに同期していることだ．これは「軌道共鳴」という現象で，しかも 3 個以上の天体が簡単な整数比になる，「ラプラス共鳴」という大変珍しい状態にある．イオの公転周期を 1 とすると，エウロパはイオの公転周期の 2 倍，ガニメデは 4 倍，

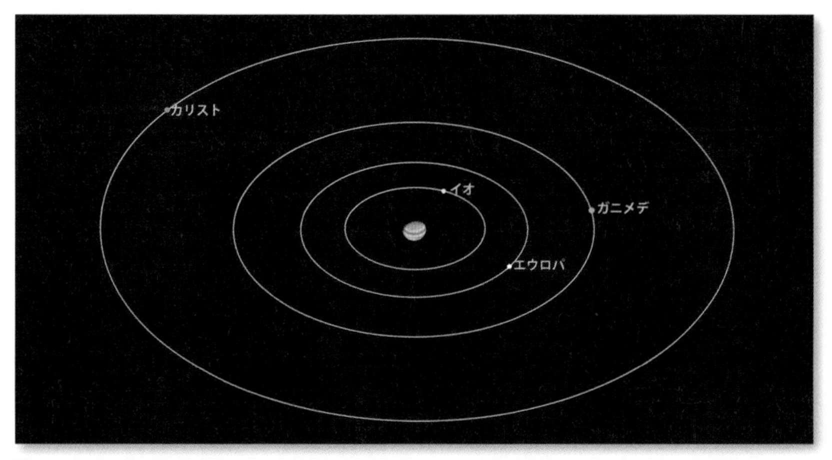

図 2-16　ガリレオ衛星とその軌道.
©StellaNavigator11/AstroArts

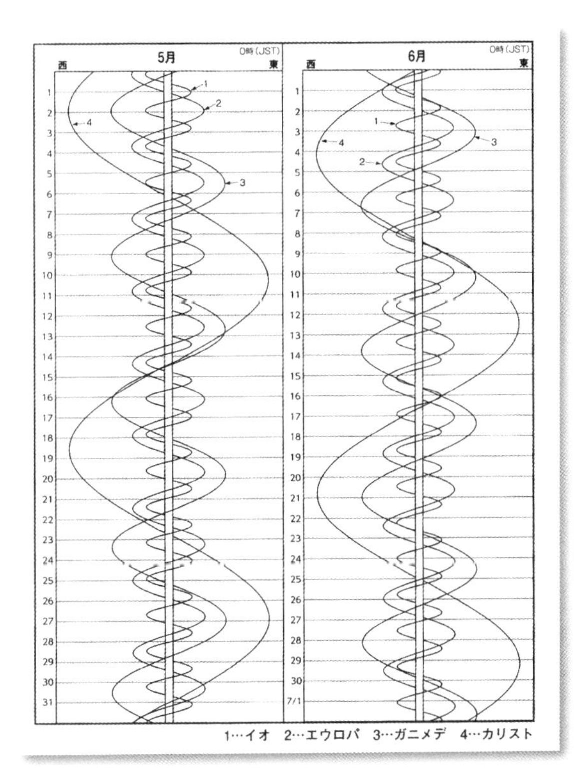

図 2-17
1日ごとのガリレオ衛星の見え方を図にしたもの
(誠文堂新光社『天文年鑑 2018 年版』より)
他に Galilean Moons of Jupiter や Find Jupiter's Moons (どちらもネット検索可能) で確認することもできる.

表 2-4　ガリレオ衛星の主要諸元

番号	名前	直径	質量	平均軌道半径	公転周期
I	イオ	3,642 km	8.93×10^{22} kg	421,700 km	1.769 日
II	エウロパ	3,124 km	4.8×10^{22} kg	671,034 km	3.551 日
III	ガニメデ	5,264 km	1.48×10^{23} kg	1,070,412 km	7.155 日
IV	カリスト	4,818 km	1.08×10^{23} kg	1,882,709 km	16.689 日

と整数比の関係になっている．

例えば，ガニメデの公転周期は表 2-4 のとおり，7.155 日である．これはほぼ 1 週間とみていいので，毎週同じ曜日，同じ時刻に見ると，ガニメデは木星の周回軌道がやや遅れていくものの，似た位置に見えることになる．これを見続けていくと，徐々に位置が変わっていくが，地上から軌道共鳴の関係にあるイオ，エウロパも同じ比率で位置変化をするため，7 日おきに位置を見ていくことでそれぞれの動きが 1：2：4 の比率になっていることが認識できる．

その例を図 2-18 に示す．これは 2020 年 7 月 11 日（土）22 時に，木星の見かけの西側にイオ，エウロパ，ガニメデ，カリストの順に衛星がちょうどよく並んだところから 7 日ごとに並べたものだ．イオ, エウロパ, ガニメデがそろったサインカーブのような動きであることがわかる．それに対し，カリストはランダムな位置に表れている．共鳴により 7 日ごとに見るイオが木星を 1 周する間にエウロパは半周，ガニメデは 1/4 周することが見て取れるだろう．

木星には 4 大衛星の他にも衛星はたくさん見つかっている．2019 年 2 月現在で 79 個．しかし，木星の衛星は 4 大衛星以外の衛星は暗いものが多い．その証拠に，1610 年のガリレオによる 4 大衛星発見以来，1892 年に第 5 衛星のアマルテア（Amalthea）が見つかるまで, 280 年もかかっている．明るさも 4 大衛星は 5 ～ 6 等級と明るいが，アマルテアは 13 等級である．それ以後見つかっている衛星たちも 14 等級以下である．

したがって木星の衛星は，数は多いが小型の望遠鏡では 4 大衛星以外は見られない，と思っていただいてかまわない．

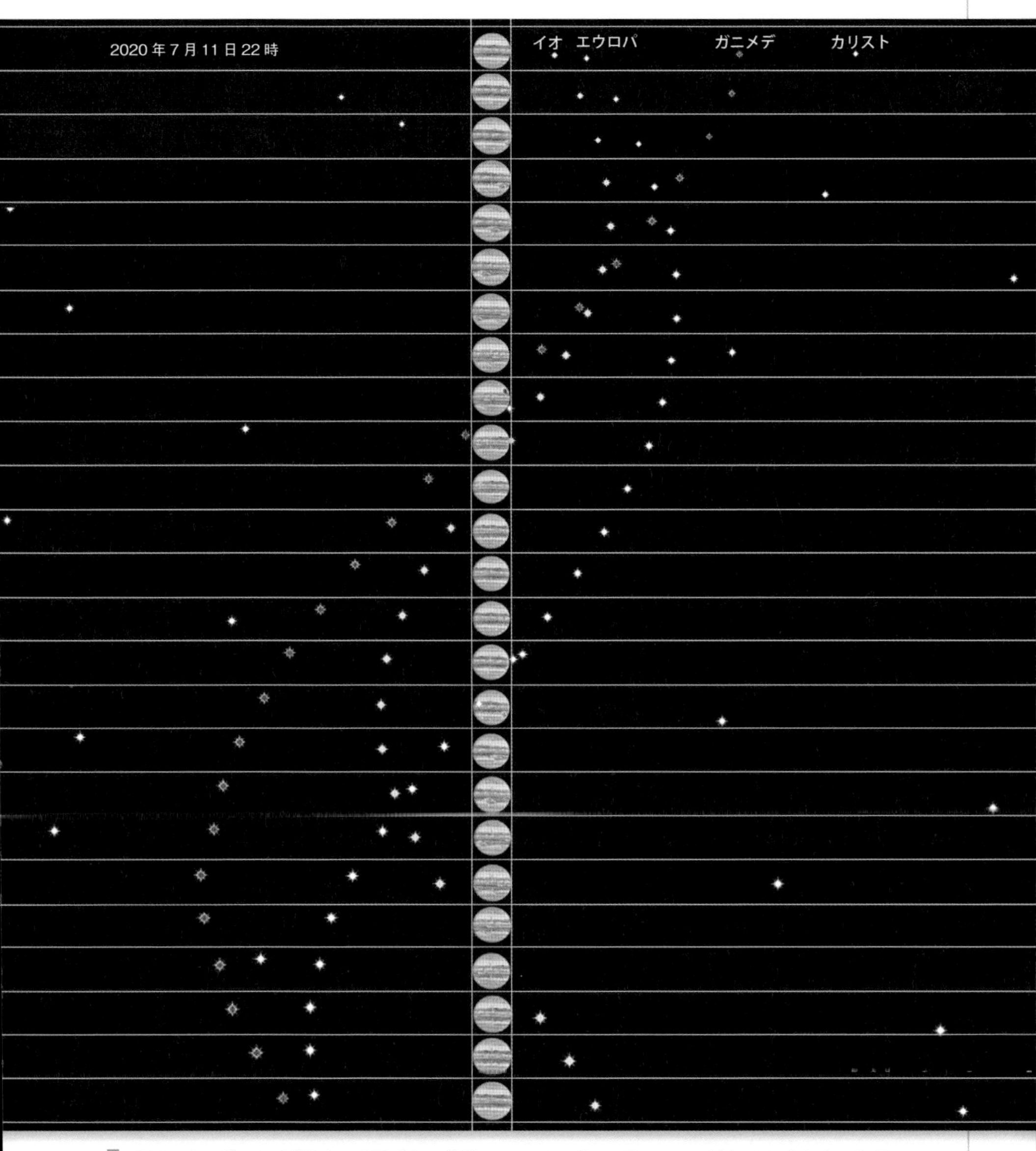

図 2-18　ガリレオ衛星の 7 日ごとの軌道.　2020 年 7 月 11 日（土）22 時から，毎週土曜日の 22 時に見えるガリレオ衛星の位置を示したもの．最も離れた衛星のカリストを除く 3 つの衛星が 1：2：4 の共鳴軌道を描くことが観察から読み取れる．

©StellaNavigator11/AstroArts

2-6 木星

木星は赤道の直径が地球の 11 倍の 14 万 3,000 km，質量は地球の 318 倍という太陽系最大の惑星で，主に 71％の水素，24％のヘリウム，5％のその他の元素で構成されている．水素とヘリウムの大気中にはアンモニアや水蒸気，メタンなどを含む．中心には地球質量の数十倍の岩石と金属水素の核を持っているが木星には明確な固体表面はない．木星の自転は 9 時間 55 分と速いため赤道の周りがわずかに膨らんでいる．

木星と地球の距離は最も近い時（衝の時）で約 6 億 4,000 万 km，明るさ−2.6 等，視直径 46 秒角，最も遠い時（合の時）で視直径 31 秒角である．これは衝の時に，倍率 40 倍の望遠鏡で見ると，肉眼で見る月と同じ大きさに見えることになる．

木星の表面は雲に覆われているが，赤道から緯度が高くなるにつれて縞（ベルト）と帯（ゾーン）が交互に重なっているのがわかる．木星の表面の細かい様子は，木星全体が淡くあまりコントラストが高くないことと，太陽からの距離が，地球－太陽間の 5 倍あり遠いため，大きさの割に輝度が低く暗い．まずは倍率をあまり高くせず，赤道に平行に太い横縞が走っているのを確認しよう．口径 8 cm くらいの望遠鏡でもパッと見て，少なくとも 2 本は見られる．

さらに口径が 20 cm にもなると，地上の気流が安定している，いわゆるシーイングがよい，という時は，木星面の赤道から緯度が高くなるにつれて，色合いの濃い縞と薄い帯が交互に重なっているのがわかる．また縞と帯の明るさや色の違い，縞のうねり，小さな白い斑点のようなものが見えてくる．縞や帯の本数は 14 本，あるいはそれ以上あるといわれているが，これらは CCD カメラなどで撮影したものを画像処理してやっと見えてくるくらい淡い．さらに常に変化している．木星観察の楽しみはその変化を見ていくことでもある．中でも大赤斑がはっきり見られる時は何か得した気分になる．こうした木星の模様は，雲の頂きを見ているものであり，雲の下にあるものは全く見えない．

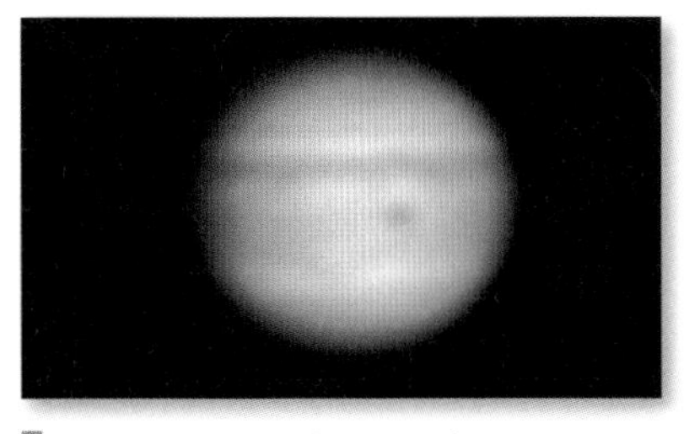

図 2-19　1989 年 3 月の木星.
大赤斑と幅が広がった南赤道縞の区別がつきにくい.
© 平塚市博物館

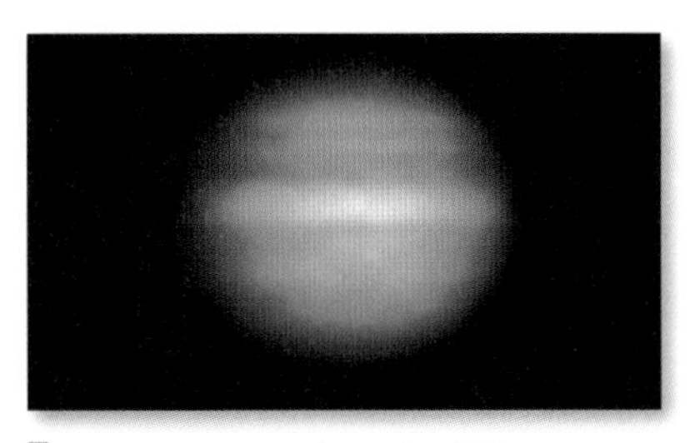

図 2-20　1994 年 5 月の木星.
少し小ぶりになった大赤斑が赤く見えている.
© 平塚市博物館

図 2-21　1999 年 10 月の木星.
大赤斑がほとんど消えかけて，南赤道縞の大赤斑があったところがくぼんで見えている.
© 平塚市博物館

図 2-22　ハッブル宇宙望遠鏡で撮影した木星.
左は 2009 年 7 月 23 日の写真．赤道の白い赤道帯の北の南に暗い赤道縞が並ぶ通常の外観を表している．右の 2010 年 6 月 7 日の写真では，南赤道縞の暗い縞が消えて細い筋状になっている．このように木星の雲が作る模様は変化が激しい.
© NASA etc. → p.186

2-7 大赤斑を見よう

大赤斑は木星表面に見られる楕円形をした赤い目玉のような模様だ．正体は，巨大な雲の渦巻きで，その回転方向から高気圧と考えられている．大赤斑の周囲では，小さな雲の流れが反時計回りに動いているのが観測されている．1665年にカッシーニが大赤斑を使って自転周期を求めたとされている．木星の自転速度を最初に測定したもので，その周期は9時間55分59秒という値だった．

カッシーニは大赤斑のスケッチを続け，周期の変動まで記録している．現在の大赤斑は1830年代に観測が始まってから，200年近くの間，淡くなったり，濃くなったりしながら一度も消えたことがない．1878年頃からは急に濃く明確になって注目を浴び，大赤斑（Great Red Spot）と名付けられた．

その後，1882年頃までよく見えていたが，だんだん淡くなり，1890年にはほとんど見えなくなったという．大赤斑の濃淡変動はその後も続き，現在に至っている．

大赤斑の大きさも変動している．1800年代後半には，楕円の長径が約4万km，地球が横に3つ並ぶほどの大きさだったとされる．それが1980年頃には約2万3,300 kmになり，最近では今までで最も小さい約1万6,500 kmまで縮小した．これは1年間に約1,000 kmのペースで縮小している計算だ．形も楕円からより，円に近い形となっている．

大赤斑は濃く見られる時は口径5 cm程度の望遠鏡でも確認できるが，赤くはっきりと認められるのは，口径8 cmできれば口径10 cm以上の望遠鏡を使用したい．

大赤斑は木星の自転とともに動いている．木星の自転はおおよそ10時間弱のため，大赤斑が我々に見やすい位置にあるのは2～3時間程度だ．木星を見ればいつでも見られるというものではなく，見える時期を確認してから見る必要がある．

ガリレオ衛星同様，大赤斑が木星表面にいつ頃見られるか，これも天文ソフトで確認しておくとよい．

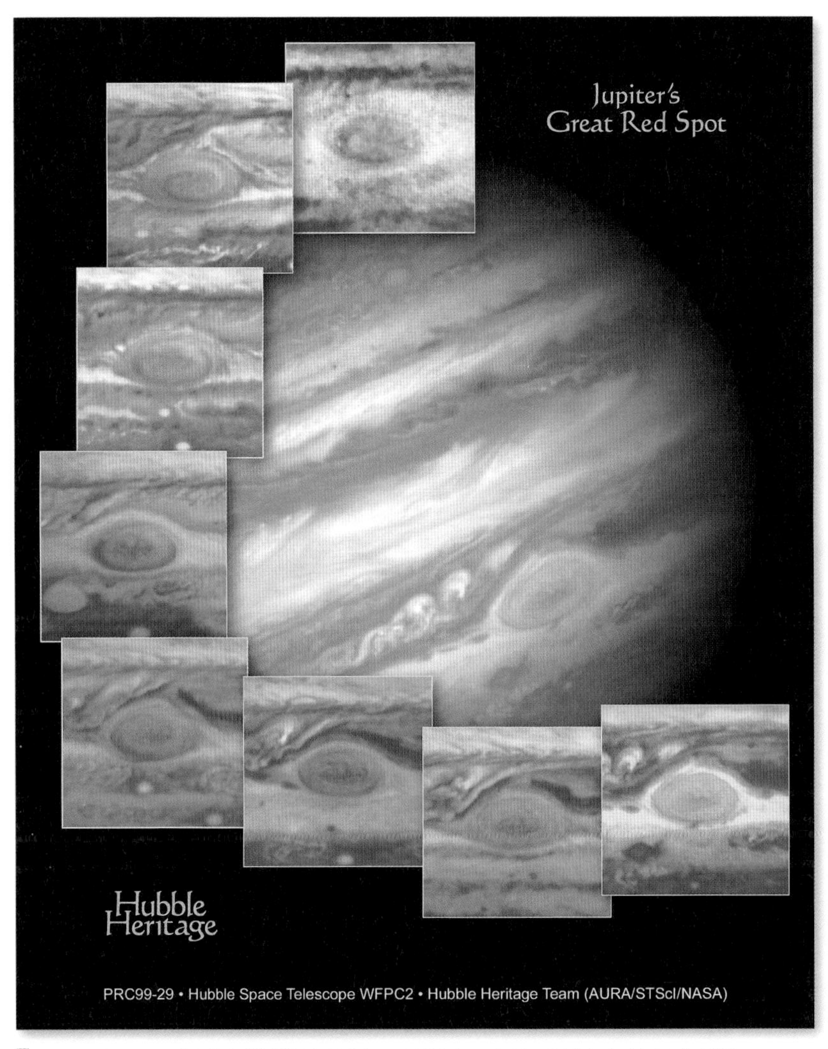

図 2-23　ハッブル宇宙望遠鏡が 1992 ～ 1999 年にかけて撮影した木星の大赤斑.
大赤斑の形状，サイズ，赤味が毎年変化していることがわかる．この時期の大赤斑は長径が 2 万 4,000 km，地球の直径の約 2 倍，木星本体の直径の 1/6 だった.
©The Hubble Heritage Team (STScI/AURA/NASA) and Amy Simon (Cornell U.)

2-8 土星

土星は，木星と同じく，外側は水素ガス，その内側は金属状態の水素になっていて，コアはよくわかっていない．密度は0.69ととても小さく，もし水槽に入れたら水に浮く．

土星本体の大きさは，地球の直径の9.7倍，体積は764倍もある．自転周期は10時間40分．木星に次ぐ速さだ．高速自転によって土星本体は木星同様赤道が膨らんだ扁平な形になっている．土星は地球との距離が近い時で13億5,000万km，遠い時で16億5,000万kmである．見かけの大きさは，本体が角度で直径15～19秒，リングの長径方向で38～47秒角である．これはリングを含めた見かけの大きさが見かけの木星くらいに見える．

土星の自転軸の角度は，26.7度もある．巨大ガス惑星なのに自転軸の傾きが大きいのは，謎とされている．

最も特徴的なことは，土星には，非常に立派なリングがあることだ．太陽系の惑星には木星，天王星，海王星にもリングがあるが，なぜこれほど発達しているかもわかっていない．このリングは土星の赤道上に水平に広がっており，幅は，赤道上7,000～8万kmの距離に広がっている．厚さは10m～約1kmと推定されている．リングはほとんどが直径1cm～10m程度の水の氷であり，砂粒や岩石も含んでいると考えられている．

土星本体は木星同様，巨大ガス惑星である．土星にも木星の模様を作る帯と縞の構造と同様の模様が見られるが，木星に比べ淡く，大赤斑のような目を引くものはない．ただ，北極や南極に六角形に見える模様が見られる．

2-9 土星のリングの変化30年

2020年から土星が太陽の周りを1周する30年間の動きと変化を見てみよう．土星のリングは2020～2025年にかけてはリングの北側が開いて見える時期にあたる．2018年前後に最も開き，土星本体よりリングの開きが大きかった．これ以後，リングの傾きは年々減少し2023～2024

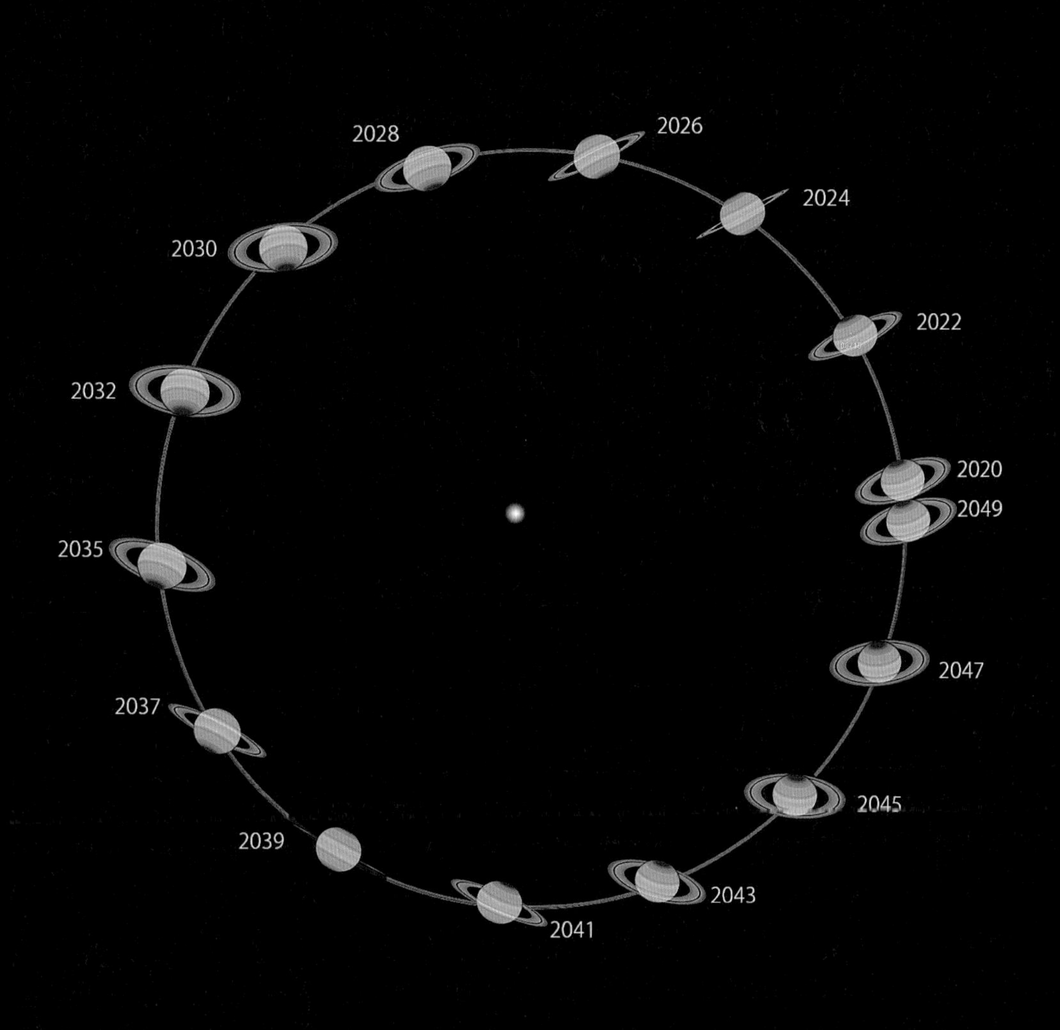

図 2-24　2020 ～ 2049 年までの土星と土星のリングの 30 年間の変化.
1659 年にホイヘンスが土星のリングの変化を，土星の公転によって説明したのと同じように配置したもの. このような変化は, 土星の自転軸が黄道面に対して 26.7 度傾いているため, 地球から見た時に南北に 26.7 度おじぎをするように見える.
©StellaNavigator11/AstroArts

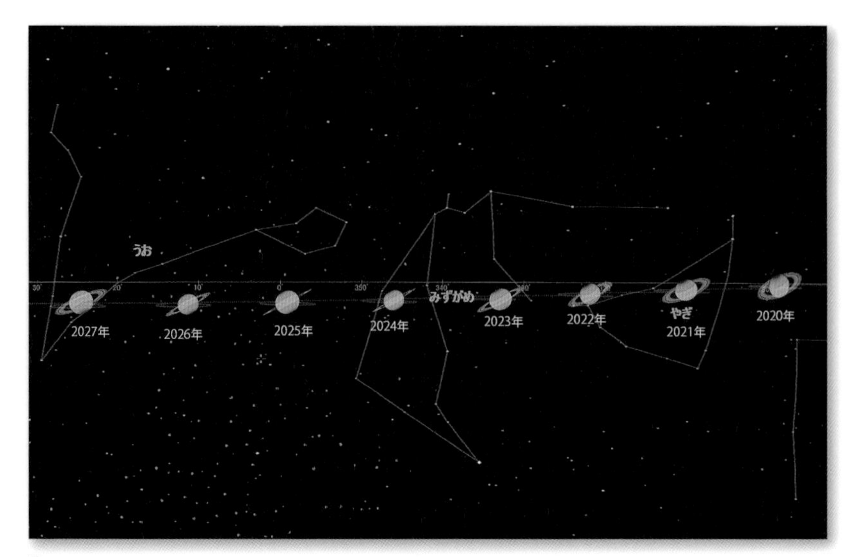

図 2-25　2020 ～ 2027 年までの土星の位置と土星のリングの変化.
2024 ～ 2025 年にはリングを横から見ることになる.
©StellaNavigator11/AstroArts

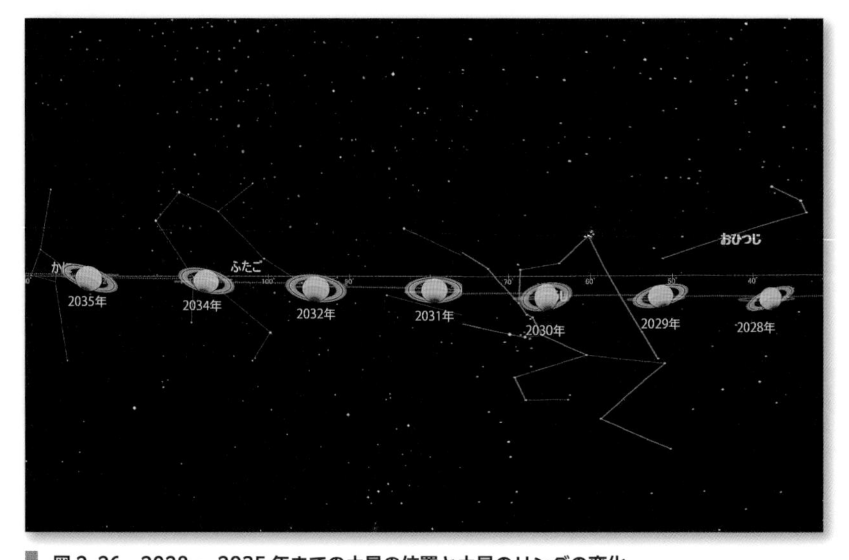

図 2-26　2028 ～ 2035 年までの土星の位置と土星のリングの変化.
この間, 土星の南半球が地球に向く. 2031 年にはリングの傾きが最も大きくなる.
©StellaNavigator11/AstroArts

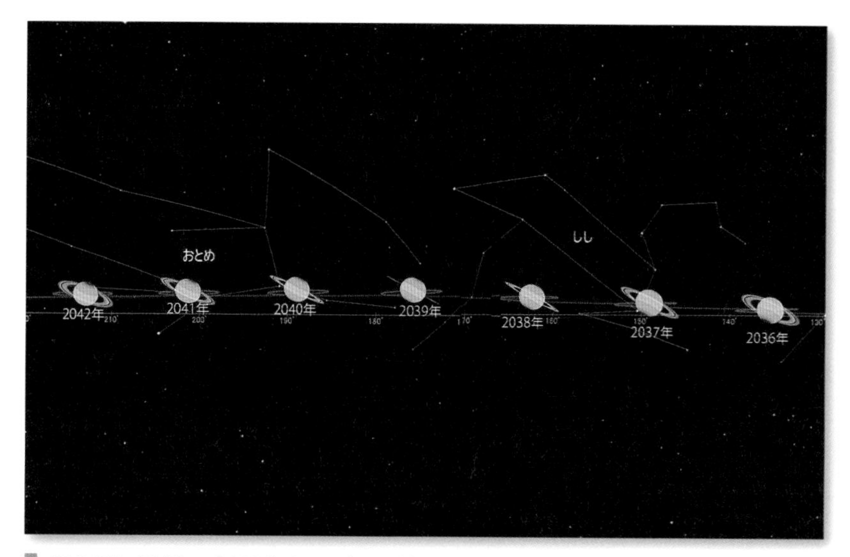

図 2-27　2036 ～ 2042 年までの土星の位置と土星のリングの変化.
2039 年 5 ～ 7 月にはリングが消えた土星が見られる.
©StellaNavigator11/AstroArts

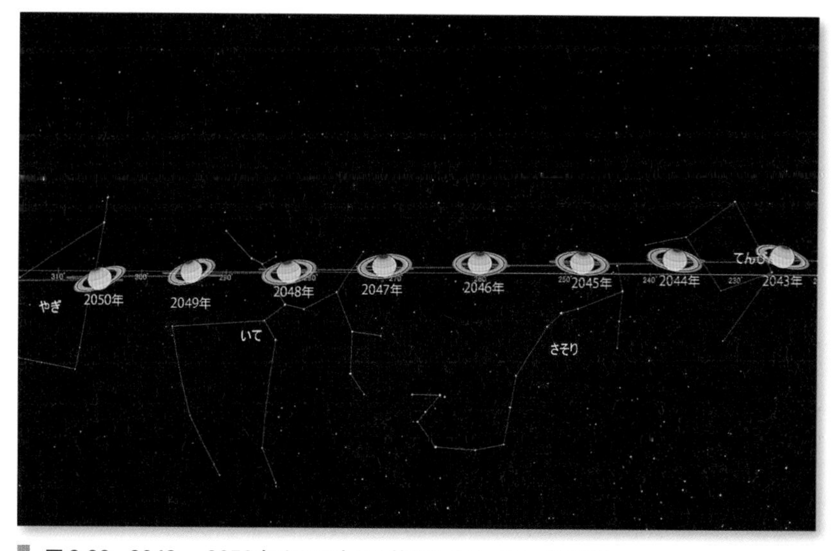

図 2-28　2043 ～ 2050 年までの土星の位置と土星のリングの変化.
この間，土星の北半球が地球に向く．2046 年にはリングの傾きが最も大きくなる.
©StellaNavigator11/AstroArts

年が最も閉じた状態，すなわちリングが真横を向いてスジ状にしか見えなくなる．2025 年以後は土星の南側が見えるようになる．

このような変化は，土星の自転軸が黄道面に対して 26.7 度傾いているため，地球から見た時に南北に 26.7 度おじぎをするように見えるのだ．麦わら帽子をかぶった人がおじぎをすると，帽子のつばがおじぎの角度分開いて見えるのと同じことだ．

土星の自転軸の傾きは地球から見て，いて座近くで南向きになり，おうし座近くで北向きとなる．そのため，土星がいて座付近に見える時は土星の北側が，うお座とおとめ座付近に見える時はほぼ水平に，そしておうし座付近に見える時は南側が見えることになる．

土星の公転周期が約 30 年であることから，土星がいて座付近でリングが北に開いてから，7.5 年後にうお座付近でほぼ水平に，その 7.5 年後におうし座付近で南に開き，その 7.5 年後におとめ座付近でほぼ水平になる，という繰り返しを見ることになる．

2-10 リングの見え方

土星が最も土星らしく見えるのは，どんな時だろう．土星の絵を描こうとした時，どんな土星の姿を思い浮かべるだろう．それはだれでもリングが最も開いた時よりもう少し控えめな姿，ちょうど図 2-29 の写真くらいだろうか．実は 1610 年にガリレオが初めて見た土星はみずがめ座に入っていて，1993 年，2023 年頃の土星と同じ姿になる．

ガリレオが用いた望遠鏡は，口径 4 ～ 5 cm，倍率約 30 倍で，月の直径の 1/8 程度の視野だったといわれている．彼は土星を見て，その左右に小さな衛星がついていると考えた．しかし 2 年後に見ると，その衛星は 2 つとも消えていたという．今ならそれがリングを横から見た，といえるのだが，彼は木星の衛星を発見した後で，土星にも木星のように，土星本体のすぐ近くに衛星があるのだろうと考えたようだ．

現在でも同じような口径の望遠鏡と倍率で見ると，リングはかろうじて見える程度である．また，土星は太陽から遠い分，木星に比べると暗いた

図 2-29　1993 年の土星.
1610 年にガリレオが見た土星とほぼ同じリングの傾きの土星.
© 平塚市博物館

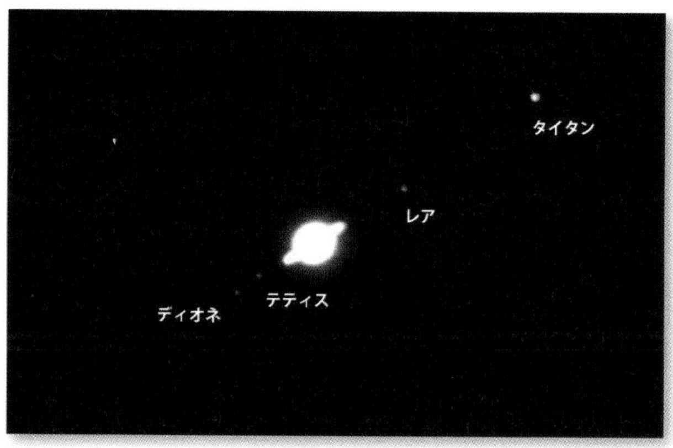

図 2-30　1995 年 10 月 14 日の土星.
リングの傾きが 0 度となってほぼ見えなくなり，衛星が横並びに見えた.
© 平塚市博物館

図 2-31　2018 年の土星.
リングが開ききって，リングの上下が本体より広がって見える.

め，倍率を上げると暗くぼやけてしまう．土星本体の縞模様やリングをはっきり見るには，口径 20 cm 以上は必要だろう．

さらに，リングは均一なものではなく，はっきり見える部分とリングが開いている時期に何とか見える淡い部分が見られる．土星のリングは，外側から順にアルファベット名が付けられている．口径 20 cm 程度の望遠鏡では内側から C リング，B リング，A リングを見ることができる．C リングは淡く，「ちりめん環」とも呼ばれている．リングが開いている時期は見やすいが，リングの傾きが少ない時は難しい．B リングが最も明るく幅広い．さらに B リングと A リングの間に「カッシーニの空隙（くうげき）」と呼ぶ，狭い筋状に見えるすき間が見えるだろう．このカッシーニの空隙が見えるか見えないかが土星を見る時の関心事の一つだ．

2-11 土星の衛星

土星には木星と同様，たくさんの衛星が存在する．その数は 80 個以上，名前が付けられたものは 53 個ある．それらの多くは暗く，木星のガリレオ衛星のように見やすい明るい衛星はないが，口径 8 cm 程度の望遠鏡で 2 個，20 cm 程度になるとさらに 2 ～ 3 個，見つけることができるだろう．ただし，ガリレオ衛星同様，見た目に普通の恒星と同じように見えるため，その位置がはっきりわかっていないと衛星であることの確認ができない．観察する日時の衛星の位置をあらかじめ認識しておく必要がある．衛星の位置を調べるには，アストロアーツ社の「ステラナビゲータ」や Saturn's Moons observing tool（ネット検索可能）で確認することができる．

土星の衛星の中で最も大きく，明るく目立つのはタイタンだ．タイタンは水星よりも大きい．さらには，主に窒素の非常に厚い大気を持っているのでも有名だ．しかし，そのタイタンでさえ 8 等級の明るさなのだ．それ以外の 3 つの明るい衛星は，10 等級のレア，11 等級のテティス，ディオネだ．

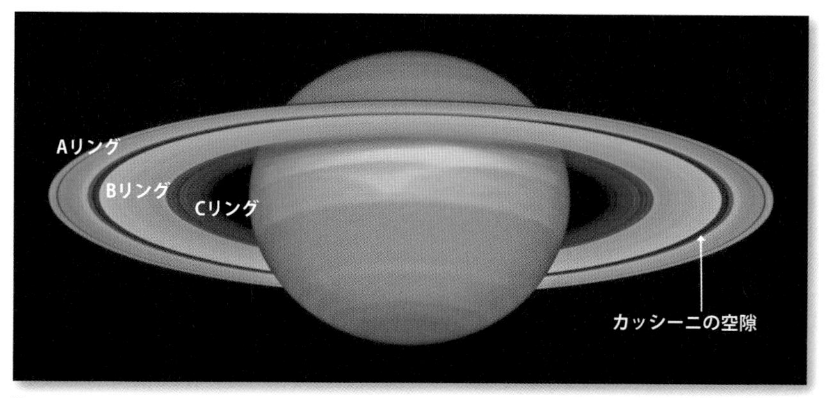

図 2-32　土星の主なリング．　最も明るいＢリングとＡリングは小型の望遠鏡でも見える．リングとしてはＧリングまで見つかっている．
©The Hubble Heritage Team (STScI/AURA/NASA) and Amy Simon (Cornell U.)

表 2-5　土星の主な４衛星の主要諸元

番号	名前	直径	質量	平均軌道半径	公転周期
Ⅲ	テティス	1,062 km	6.17×10^{20} kg	29万4,700 km	1.888 日
Ⅳ	ディオネ	1,122 km	1.095×10^{21} kg	37万7,396 km	1.737 日
Ⅴ	レア	1,528 km	2.307×10^{21} kg	52万7,108 km	4.518 日
Ⅵ	タイタン	5,150 km	1.345×10^{23} kg	122万2,000 km	15.945 日

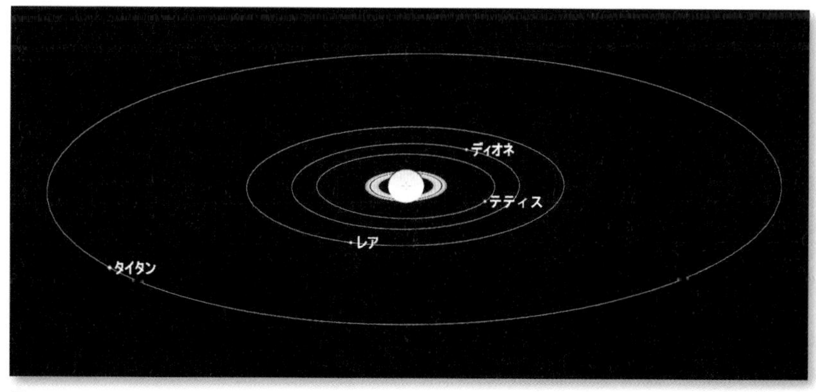

図 2-33　土星の主な４衛星の軌道．
最も大きな衛星タイタンがかなり離れた軌道（地球－月の約５倍）をまわっている．
©StellaNavigator11/AstroArts

Column 2

ベツレヘムの星

ジョット「東方三博士の礼拝」(1305 年頃)

年末になるとクリスマスシーズンが到来し，町中がイルミネーションで輝くようになる．そのシンボリックなものがクリスマスツリーだが，先端に輝く星が，ベツレヘムの星である．厳密には，八方向の光芒を持つ星で，キリストの誕生を人々に知らせ，東方の地から３人の博士（占星術師）たちが敬意を表するために礼拝に訪れるのを導いた，とされる．

右上の絵はフィレンツェの画家ジョット・ディ・ボンドーネの「東方三博士の礼拝」(1305 年頃の作)．ベツレヘムの星は幼子の上空に光る彗星として描かれている．ジョットは 1301 年に出現した彗星（ハレー彗星）を見てこれを描いたといわれている．ケプラーの法則で有名な，ヨハネス・ケプラーもこの星について調べ，紀元前７年に起こった木星と土星の三重会合だとした．近年ではコンピュータ・シミュレーションによって，紀元前２年６月の夕空で木星と金星が接近会合し，一つに見えたものではないか，との意見もある．この星に関しては他にも様々な議論が巻き起こっているが結論は出ていない．

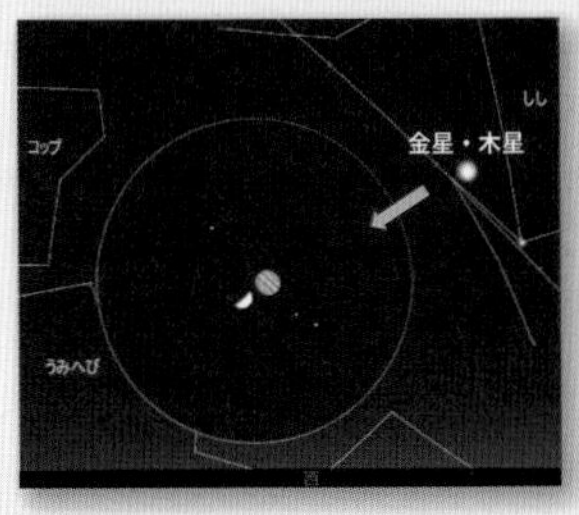

BC2 年 6月17日，木星と金星の会合．
(StellaNavigator/Astro Arts)

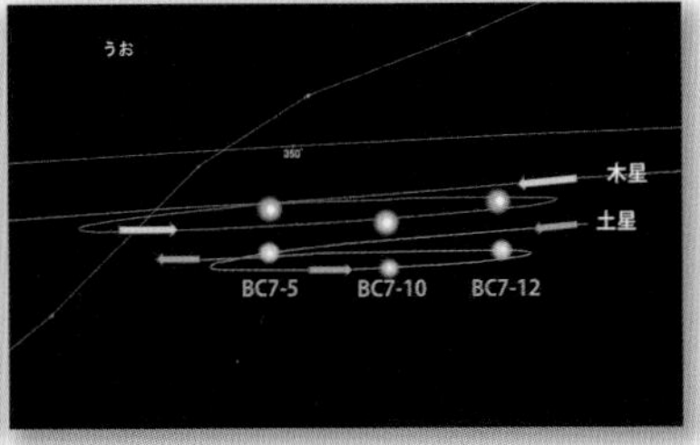

BC 7年5月，10月，12月の木星と土星の3 回の会合．
(StellaNavigator/Astro Arts)

第3章

木星・土星の素顔

3-1 ハッブル宇宙望遠鏡で見た木星, 土星

地上の望遠鏡は，ガリレオの時代から大きくすることでより明るく，より細かく見ようとしてきたが，地上から見る限りは地球大気が天体の像をゆがめてしまい，望遠鏡の能力を高くしても思うような天体像を得ることはできなかった．そのため，望遠鏡を地球の大気圏外に持ち出すか，天体の近くに探査機を送り込むかを，夢見ていたのだった．それがいよいよ実現してきたのだ．

ハッブル宇宙望遠鏡は，そうした要請に応えるべく 1990 年 4 月 24 日にスペースシャトル ディスカバリー号によって打ち上げられた．

口径は直径 2.4 m で，地上の望遠鏡に比べて決して大きいとはいえないが，大気の邪魔がない宇宙では光学的な性能はとびぬけた能力を持っていた．当初は望遠鏡の性能が製作ミスで十分に発揮できなかったが，1993 年 12 月に光学系の不良を解消する修正がされてからは，期待された性能を超える能力を発揮するようになった．

ハッブル宇宙望遠鏡は木星と土星にも向けられ，長期間にわたりその変化を記録し続けてきた．宇宙望遠鏡は，昼夜がある地上からでは難しい連続観測が可能だ．これらをもとにムービーが作られ，木星では縞模様や大赤斑の変化，小さな白斑の動きなどが確認できる．

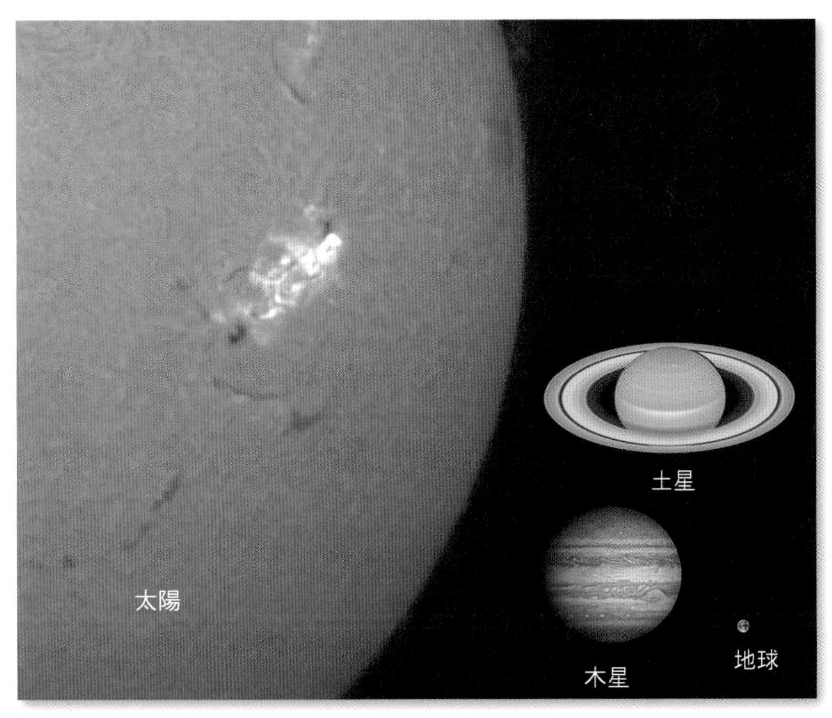

図 3-1　地球の直径を 1 とした時，土星 9.5 倍，木星 11.2 倍，太陽 109 倍.
©NASA

図 3-2　ハッブル宇宙望遠鏡.
©NASA

図 3-3　1995 年の木星.
大赤斑とそのすぐそばに 3 つ連なった白斑が見られた.
©Reta Beebe, Amy Simon (New Mexico State Univ.), and NASA

図 3-4　2006 年に出現した新たな小赤斑.
元は図 3-3 の 3 つの白斑だったが，合体し，BA 白斑と呼ばれていたが赤化したもの．原因は不明.
©NASA, ESA, I. de Pater, and M. Wong (UC Berkeley)

図 3-5　ハワイのジェミニ望遠鏡（左）とすばる望遠鏡（右）で撮影した赤外線の木星像.
木星探査機ジュノーと共同して木星大気の 3 次元データを得る観測を行った．すばる望遠鏡では，中間赤外線で木星大気の最上層のアンモニア雲を見ている．濃い赤ほど雲が厚い．ジェミニ望遠鏡はメタンの波長で雲頂を見ている．帯，大赤斑，白斑，そして南極北極が白く明るい．縞は反対に暗い．これから帯と大赤斑，南極北極の雲頂は高度が高いことがわかる.
©Gemini Observatory/AURA/NASA/PL-Caltech（左）
©NAOJ/NASA/JPL-Caltech（右）

図 3-6　2017 年 4 月 3 日の木星.

大赤斑が小ぶりの円形に見える．大赤斑は徐々に縮小している．

©NASA, ESA, and A. Simon (GSFC)

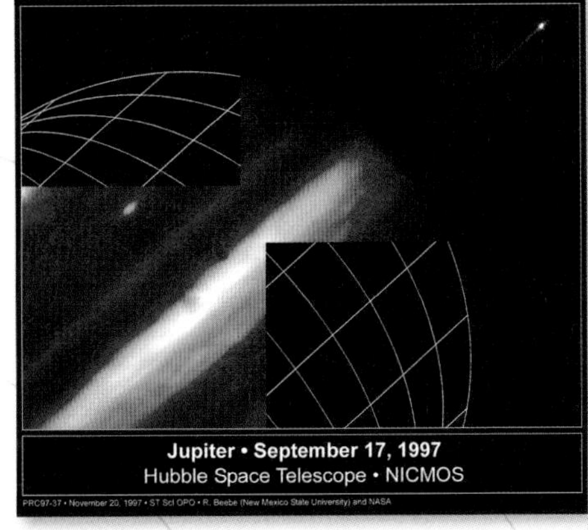

図 3-7　ハッブル宇宙望遠鏡の赤外線カメラでとらえた木星のリング.

土星のリングと違い，とても淡い．

©Reta Beebe (New Mexico State University) and NASA

図3-8　1994年12月の土星.
大規模な嵐が，土星の赤道付近に現れた.
©NASA etc. → p.186

図3-9　1998年10月の土星.
土星の季節で秋分を過ぎたころ.
©NASA etc. → p.186

図3-12　1995年にリングを真横から見た土星.
土星の衛星たちが見える. 左上からテティスとディオネ，中央左がレア，右はエンケラドス，下左はレア.
©NASA etc. → p.186

図3-10　2003年3月の土星.

地球に対して最大27度傾いた．南半球の縞模様がよくわかる．大赤斑のような模様はない．

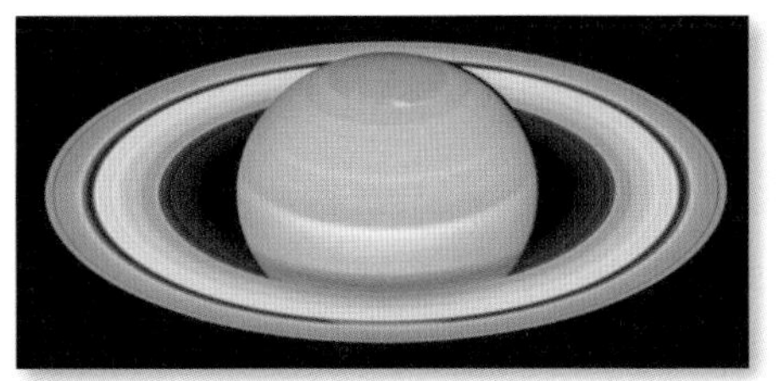

図3-11　2018年6月の土星.

北半球の夏至．土星の縞模様は木星より細かい．

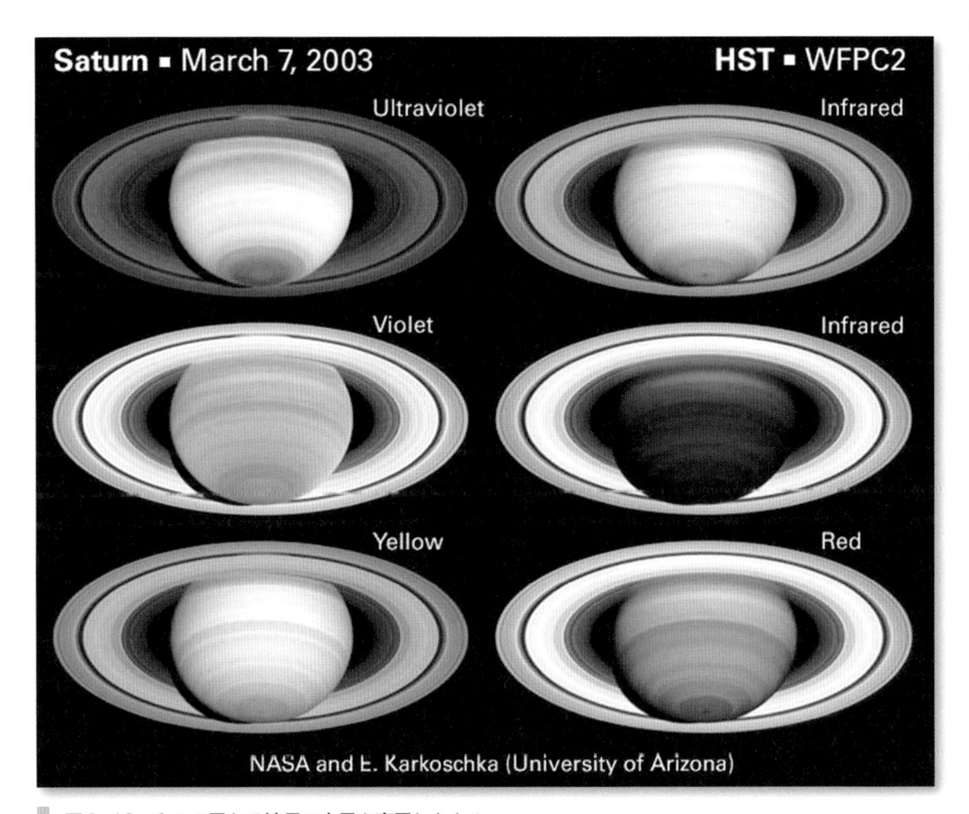

図3-13　6つの異なる波長で土星を表示したもの.

左上から反時計回りに，紫外線，紫色，黄色，赤色，そして2つは近赤外線．異なる波長で見た土星の本体が変わって見える．紫外線では，本体はリングよりはるかに明るいが，近赤外線では反対にリングは明るく，本体が暗い．本体やリングの明るさは，光の波長に対応した表面の反射物質の量や深部からの放射による．

3-2 木星の大気と縞模様

木星は赤道部の直径が14万3,000 kmもある巨大なガス惑星だが，その内部はガス，というよりも水素が高温高圧状態で固まった金属水素の塊のような星だ．そのうち，我々が見ている大気の縞模様が，数百kmほどの表層部分である．

木星の大気は太陽とほぼ同じ割合の水素分子とヘリウムでできている．

図3-14　木星表層大気の構造.

木星大気の垂直方向の気温変化は，地球の大気と似ている．対流圏では，高度とともに徐々に低下し，成層圏となる．成層圏では，熱圏との境界まで上昇する．木星の対流圏上層の雲は，気圧が0.6～0.9気圧，アンモニアの氷でできている．この雲の下に，硫化水素アンモニウムや硫化アンモニウム（1～2気圧），水（3～7気圧）でできた雲が存在すると考えられる．

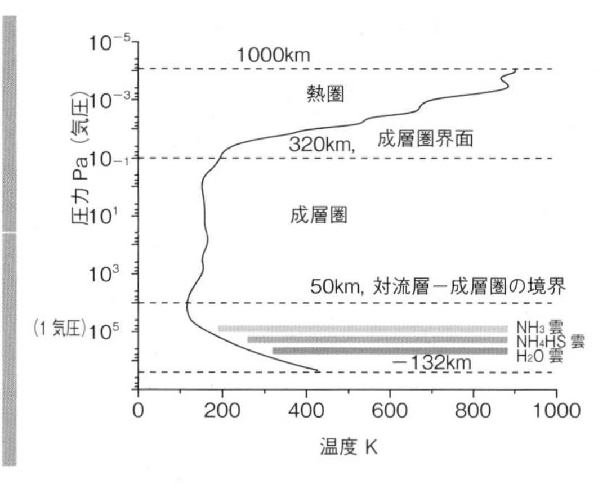

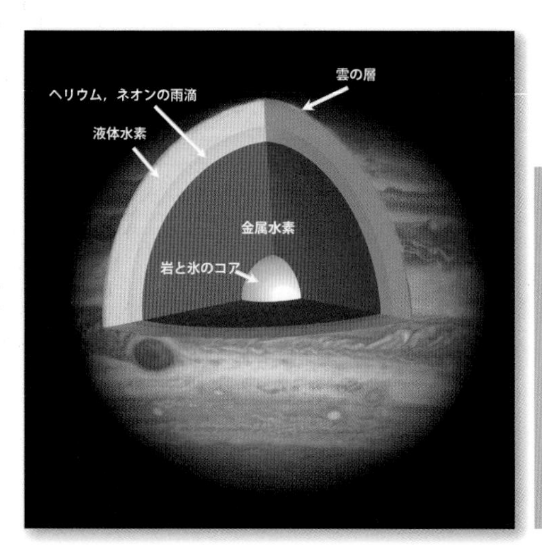

図3-15

木星内部の構造.

中心に岩石と氷が混ざった高密度の中心核があり，金属水素と沈殿しているヘリウム，その外側を分子状の水素を中心とした層が取り囲んでいると考えられる．中心の温度は2万度，圧力は4万気圧．高速自転と金属水素の対流による非常に強いダイナモ磁場がある．

©NASA, ESA, and A. Simon (GSFC)

酸素や窒素など地球ではおなじみの元素は少量しか存在せず，化合物のメタン，アンモニア，硫化水素，水が含まれる．水は大気深くに存在すると考えられているが，直接測定された濃度は非常に低い．

また，地球とは異なり，木星にはしっかりした表面がないので，水素とヘリウムの大気の気圧が1気圧のところを大気の底とし，密度と温度の変化に基づいて木星の大気層を定義した．低い層から対流圏，成層圏，熱圏，そして外圏が宇宙空間に広がる（図3-14）．

木星の気温は地球の対流圏と同様に，大気が最低温度に達するまで，高さに応じて下がってゆく．これ以上下がらなくなる高さが対流圏界面で，対流圏と成層圏の境界と定義できる．そこは木星の「表面」から約50 km上空になる．

成層圏は高度320 kmまで上昇し，気温はほぼ一定で気圧は下がり続ける．この高度は成層圏と熱圏間の境界を示している．熱圏の温度は高度1,000 kmで1,000 Kまで上昇する．大気の厚さは約5,000 km．大気の上層は宇宙との境界が明確でない．

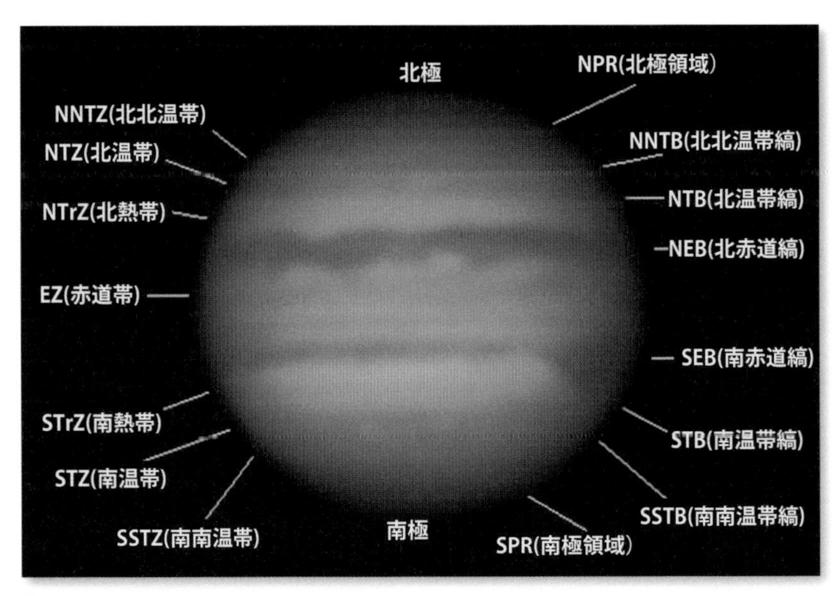

図3-16　木星表面の縞模様の名称．

第2章でも縞模様について触れたが，ここではもっと詳しく見ていこう．地球の雲と同じように木星表面の縞模様を形作っているのは木星の雲だ．雲は厚く広がっており，地上からは雲の表面，雲頂を見ているにすぎず，雲の下がどのようになっているか全く見えない．木星の雲は赤道に沿って平行に流れているように見える．その数は，南・北半球合わせて少なくとも14本あり，暗い模様は縞（ベルト），明るい模様は帯（ゾーン）と呼ばれる．

ジェットと呼ばれる赤道に平行な強い風が縞と帯の境界を流れ，仕切っている．そのうち赤道に見える白い帯が最も太く，EZ(赤道帯)と呼ばれる．その幅は約1万7,000 km ある．この白い帯にはヒゲのように伸びたフェストーンと呼ぶ黒っぽい模様が複数見えることがある．

EZの南北には，それぞれ太く褐色に見える縞が見える．SEB(南赤道縞)とNEB（北赤道縞）だ．この2本の縞は小型の望遠鏡でよく見える．どちらの縞も一様ではなく活動的で，渦巻きを作りながら流れ，その中に白斑状の模様や濃いスジ状の模様が現れたりする．時には太くなったり，消えてしまうこともある．

大赤斑はSEBの中のくぼみに半分ほど入り込み，STrZ（南熱帯）の南部に位置している．これらより高緯度に位置する縞や帯は，小型の望遠鏡では淡くはっきりと認識しにくいが，高緯度になるにつれてだんだん細くなる．北極と南極周辺は，かすんだような状態で細部はよくわからない．

木星の自転は，縞模様の動きが長年の地上観測から緯度によって周期が異なることがわかってきた．縞模様の動きは赤道近くほど速く回転している．そのため，木星の自転周期は赤道付近の観測から体系Ⅰ，その他の地域を体系Ⅱと呼んで区別している．実際には，体系Ⅰは赤道帯に出るフェストーンの周期に，体系Ⅱは大赤斑周辺の周期に近い．さらに木星内部の電波源の自転周期を元にして決められた体系Ⅲもある．

それぞれの自転周期は以下のようである．

体系Ⅰ　9時間50分30.0秒

体系Ⅱ　9時間55分40.6秒

体系Ⅲ　9時間55分29.7秒

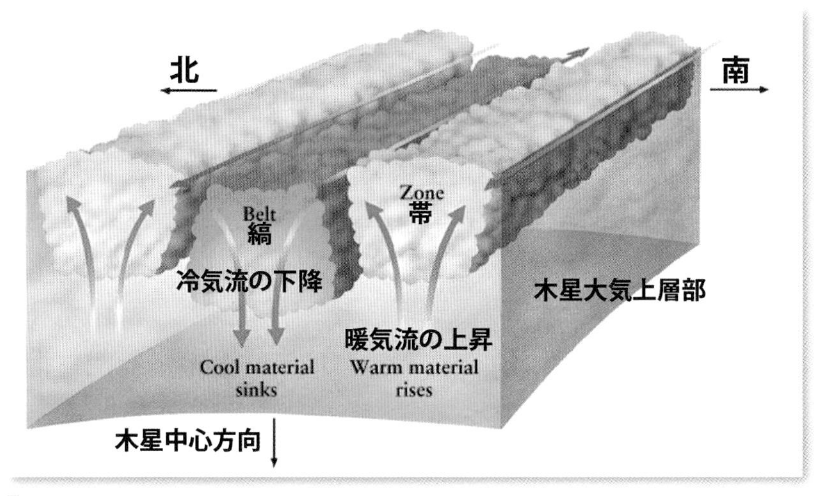

図3-17　木星の垂直方向と水平方向の大気の流れ.

帯は暖かく，密度は小さいため高さによる気圧低下は小さい．大気は，帯は高圧部，縞は低圧部となって循環している．

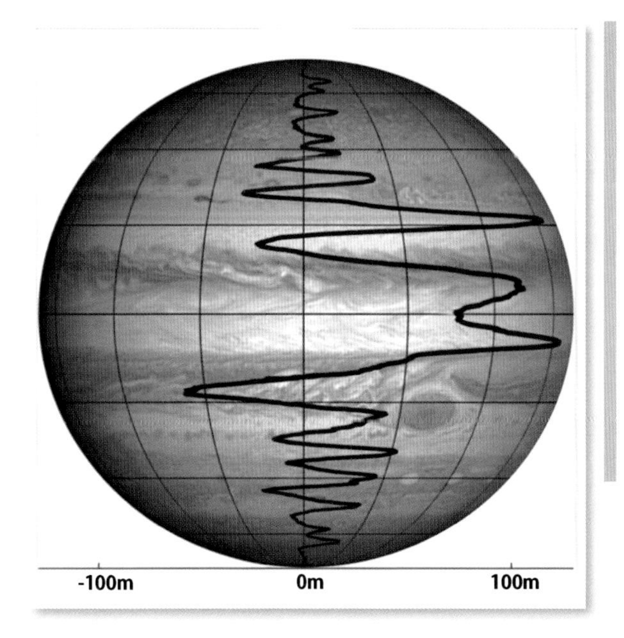

図3-18

木星大気の風向と風速.

最も強い風は縞と帯の境を吹いている．赤道域では木星の自転よりも速く回転し，平均流速は東方向に約 85 m/s. 高緯度になるにつれ，赤道にほぼ対称な，西向きと東向きの流れの交互の領域があり，流速は一般に極に向かって減少する．

©NASA, ESA, and A. Simon (Goddard Space Flight Center) に加筆

これらの自転周期は1日の回転角から逆算したもので，実際に0.1秒まで正確に測ったものではない．木星の縞模様は主に太陽の日射とこの高速自転によって引き起こされる．太陽からの光が木星の大気を温める．その熱は地球の大気同様，日射の強い赤道地域から高緯度の地域に大規模な対流運動（ハドレー循環など）により大気循環することでエネルギー輸送される．その際，自転に伴う転向力（コリオリ力）が働き，幾筋もの東向きの気流とジェット気流を作り出していると考えられる．それが帯と縞の逆向きの回転を引き起こす．それらの気流に伴い雲の流れが木星表面の平行な模様として見えている．

木星の雲は地球のような白い雲だけではない．特に縞には褐色や赤，青などの混ざった模様が見られる．これらの雲の色は何が作り出しているのだろう．

地球の雲は大気中に含まれる水蒸気が凝結して水滴となったり，氷晶になったものが太陽の光を反射して白く見える．地球の大気そのものは窒素と酸素がほとんどで，それに二酸化炭素，アルゴンなどで構成される無色透明な気体だ．水蒸気の量は一定ではなく変動が大きい．大気が無色透明というのは，太陽光のうち，可視光と呼ばれる我々の目で見ることのできる光に対してで，紫外線や赤外線では地球の大気も透明ではない．

木星の大気はほとんどが水素（H_2）とヘリウム（He）である．地球から見える大気の上層には水蒸気はほとんどなく，ごくわずかにアンモニア（NH_3），硫化水素（H_2S），メタン（CH_4）などのガスが含まれている．水素もヘリウムも可視光では無色透明の気体である．木星の縞は微量に含まれるアンモニア，硫化水素などの化学反応でできた硫化水素アンモニウム（$(NH_4)SH$）や深部から沸き上がったガス（正確な構造は不明だが，リン，硫黄，炭化水素）が光化学反応によって固体微粒子が作られ，着色していると考えられている．

縞模様は緯度に平行に見える．褐色で暗い模様の縞と，明るい模様の帯が交互に並ぶ．地上観測から白っぽく見える帯が上昇気流を，暗く褐色に見える縞は下降気流と考えられてきた．それはアンモニアに富んだ空気が帯内部で上昇，膨張して冷却され，高層に高密度の白い雲を形成する．一方，縞内部では，空気は下降し，断熱圧縮されて温まる過程で白いアンモニア雲は蒸発し，主に低くて暗い雲が現れると考えられている．

3-3 木星の深層を探る

木星の帯は，ジェットと呼ばれる細い帯状の大気の流れ（風）に囲まれている．特にEZ（赤道帯）とNEB（北赤道縞）とSEB（南赤道縞）の境界は東向きの秒速100 mにもなる非常に強い気流（ジェット）が吹いている．さらにNTrZ（北熱帯）NTB（北温帯縞）の境界は秒速150 mにもなるジェットが吹いている．この気流は表層の風なのかもっと深いところでも吹いているのかは，わからない．木星の気温，風，組成，雲の性質に関する知識の大部分は，0.5気圧程度，すなわち雲の上部に限定されている．重要なのは縞模様が大気層の奥深くまで続いているのか，それとも表層の雲のみなのか，ということである．

木星の雲の下を探る手がかりを与えてくれた事件が起きた．1994年7月にシューメーカー・レヴィ第9彗星が木星の巨大な引力にとらえられ，複数に分裂して次々と木星表面に衝突し，木星内部で爆発，物質を噴き上げる様子が見られたのだ．天文学者をはじめ観測者は，彗星が上層大気を突き破ってくれれば雲頂の下の層を見ることができるだろうと考え観測を行った．観測には地上の望遠鏡，ハッブル宇宙望遠鏡，木星に向かっていたアメリカの木星探査機ガリレオなどが行い，木星大気中の深い層からの硫黄の化合物，アンモニアなどの木星大気物質，鉄，ケイ素など彗星由来の物質があることが確認された．木星の雲の下には地球のような水の雲の層があると考えられていたが，水も予想に反し彗星に由来するのみだった．

さらに1995年12月には，ガリレオ探査機が木星の雲の中に探査プローブを投入し，木星大気の中の状況を観測した．それによると，探査機は木星大気を降下中に乱流と非常に強い風を継続して検出した．降下中に通り抜けると考えられていた，アンモニア，硫化水素アンモニウム，そして水の3層の雲のうち，最上層はほとんどアンモニアの結晶であること，また，中間層雲はおそらく水硫化アンモニウムの結晶であろうことを観測した．この雲は非常に薄く透明度は約1.6 kmだった．しかし，この下に予想していた厚い水の雲はなかった．このことは，シューメーカー・レヴィ第9彗星の衝突によって得られた木星大気の内部情報と似た結果となった．

結論として，ガリレオプローブが下りた場所は木星の表面の最上層の雲の中だったとされた．探査機からの測定では水の雲はほとんど見られず，遠くにしか稲妻が見えなかった．木星の大気は考えられていたより乾燥しているように見えた．これはプローブが「ホットスポット」と呼ばれる領域に入ったことが原因であると解釈された．木星のサハラ砂漠のような地点にプローブを落とした，ということなのだろう．また，空気が下降して乾燥する区域と水蒸気が上昇して雷雨を形成する区域が別れていることがわかった．

プローブは，木星内部の高温高圧の中で61分の寿命の間に温度，圧力，化学組成，雲の特性，太陽の光と惑星内部のエネルギー，そして雷を測定した．その行程は表層から22気圧，150 km に及んだが，これが木星の深層なのか，それともまだ浅い層を見たのみなのか，結論は出せていない．

木星には深層から沸き上がるエネルギーがあることから，木星は太陽から受けとっているエネルギー以外に，木星自身がエネルギーを生み出していることがわかってきた．その量は太陽からのエネルギーの2倍にもなる．

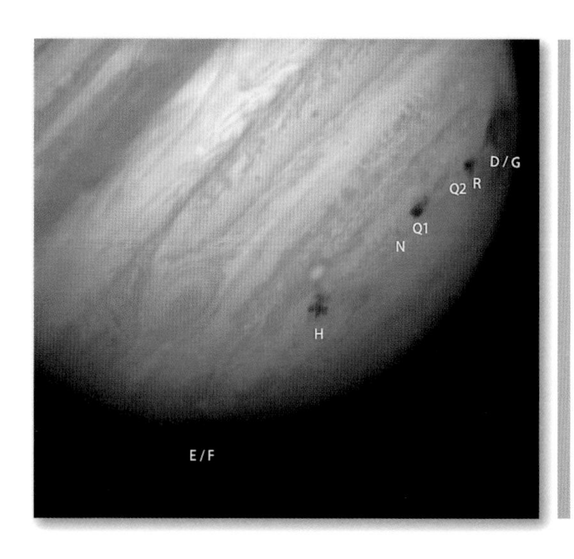

図3-19　シューメーカー・レヴィ第9彗星の衝突痕．

1994年7月16～22日まで，21個の彗星の破片が木星の大気中に激突し，斑点が残った．すべての衝突は木星の地球とは反対側で発生したが，衝突後数分で地球から見えるようになり，わき上がるきのこ雲の観測，赤外線による閃光の観測などが行われた．それらは木星の大気中に最大1万2,000 km の直径の暗い斑点を残した．衝突痕は小型望遠鏡でも観測できた．

©NASA etc. → p.186

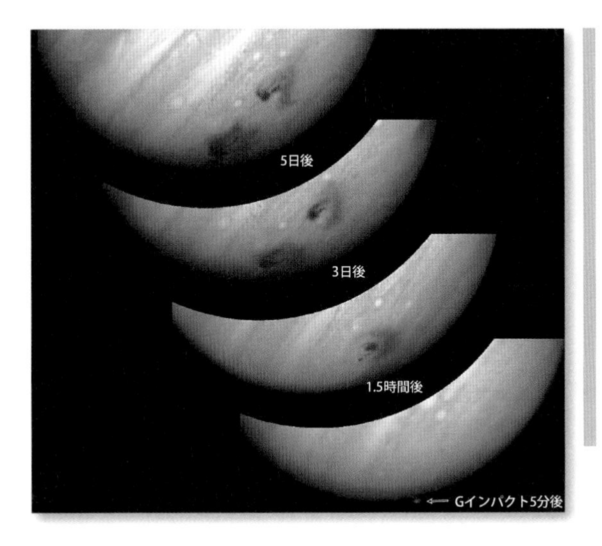

図 3-20　木星上の G 破片の衝突サイトの進化.
右下から左上への画像は，1994 年 7 月 18 日 7 時 38 分 UT の衝撃プルーム（衝撃の約 5 分後），9 時 19 分（インパクト後 1.5 時間），7 月 21 日，7 月 23 日までの衝突痕の変化の様子である．黒い衝突場所から沸き上がった煙が成層圏の気流によって東へ流れ，広がっていった．
©NASA etc. → p.186

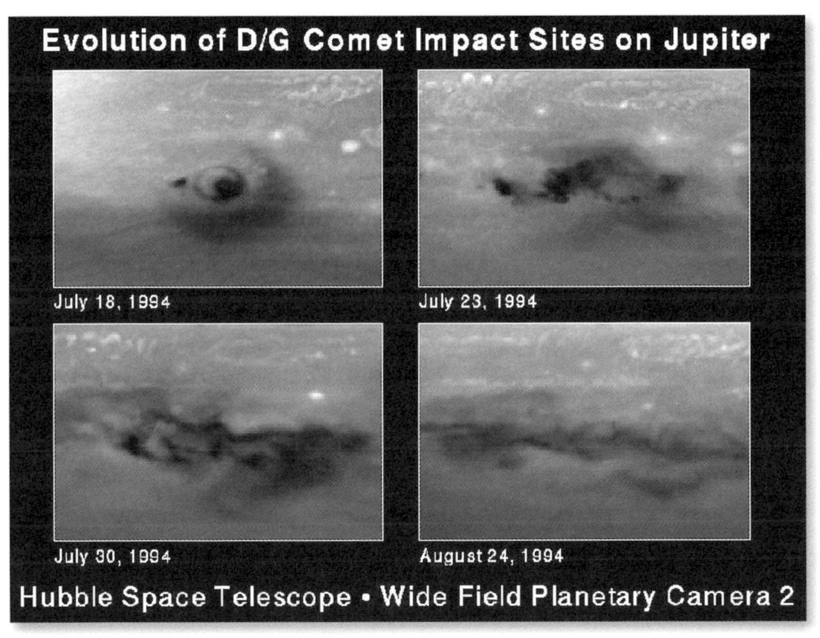

図 3-21　彗星衝突による木星大気の流れ.　左上：G 破片衝突 90 分後のリング構造が見える．それは約 300 ～ 500 m /s の速度で衝撃部位から広がっていった．右上：渦巻き構造に広がる．左下，右下：弱い東からの気流に拡散されてゆく様子が見られた．
©H. Hammel, MIT and NASA

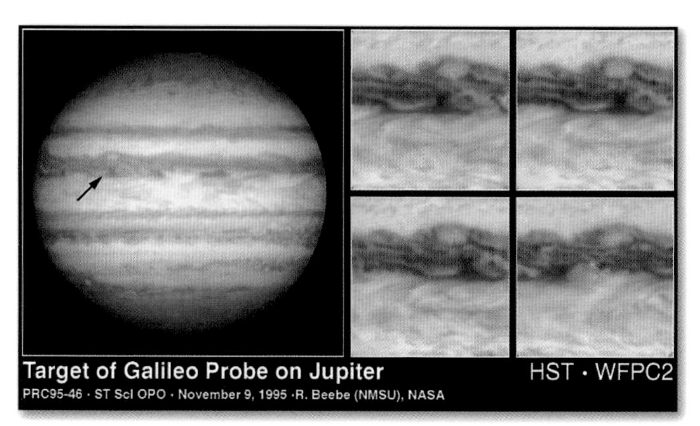

図3-22　1995年12月，ガリレオ探査機のプローブが投入された場所.

木星の大気にはかなりの量の水蒸気が含まれていると考えられていたが，投下されたプローブで分析された木星の大気は，予想をはるかに下回る乾燥したものだった．後にプローブを投下された地点の周辺はかなりの水蒸気があることが判明した．ガリレオプローブが突入した地域は，大気の流れが一点に集中し大気が非常に乾燥する現象が起きていたこともわかった．このように乾燥した場所「ホットスポット」は，木星の大気中の1％にも満たないということである．

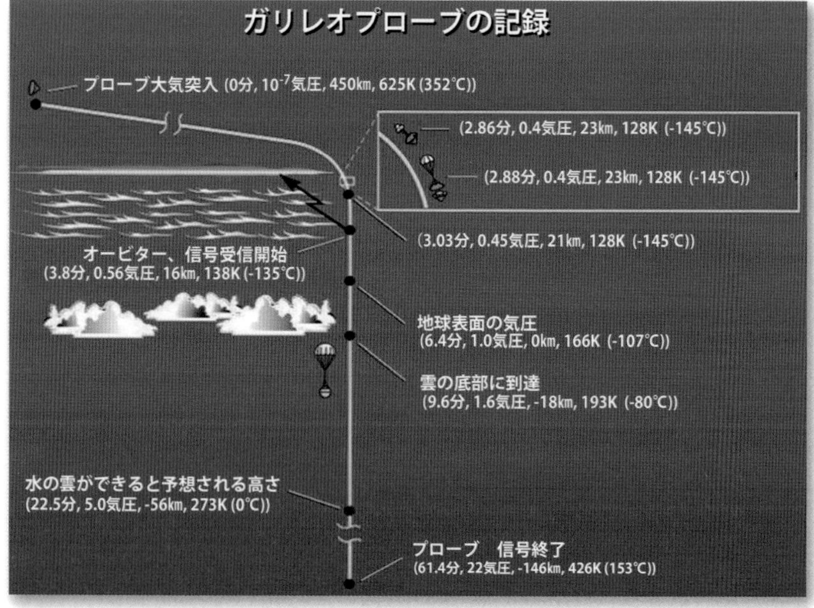

図3-23　ガリレオプローブが測定した木星大気の気温と圧力.

（NASA: Galileo atmospheric probe mission を元に作成）

そのようなエネルギーは何から生み出されているのだろうか．木星は誕生以来徐々に重力収縮しており，そのエネルギーだといわれたり，誕生時に発生した熱を今も放出している，という説もあるが，いまだ不明である．

3-4 大赤斑の正体

木星表面で最も目を引く存在の大赤斑は，1665年，カッシーニの観測記録からとされるが，1714～1830年までの間は記録されていない．1665年に観測された大赤斑と1831年以後現在まで存在している大赤斑は異なる可能性もあるが，いずれにしても長い寿命は謎である．

赤外線データによって，大赤斑は周りの雲よりも厚く，高い高度にある渦を巻く雲塊と考えられている．大赤斑の雲頂は，周りの雲よりも約8 kmも高いと考えられている．さらに，大赤斑の反時計回りの回転は1979年，1980年の惑星探査機「ボイジャー」の木星探査の際，映像で確認された．そして大赤斑は，南端を東向きの穏やかなジェット，北端を西向きの非常に強力なジェットに囲まれていた．周りのジェットの速度は約120 m/sにもなるものの，内部に流れはほとんどない．2010年には，遠赤外線写真から，中央の最も赤い領域は周囲よりも絶対温度で3～4 K暖かいことが発見されている．

大赤斑の赤色の原因は，正確にはわかっていない．NASAのカッシーニ探査機からのデータの分析によって，赤い色は上層大気中の太陽紫外線照射によって分解された化学物質であることが明らかにされた．実験室内での実験によると，この色は複雑な有機分子，赤リン，その他の硫黄化合物によるものであると説明される．

大赤斑の色は，長期にわたって変化しており，れんが色から淡いピンク，さらに白色にまで大きく変わっている．大赤斑は，可視光領域で見えなくなることもあり，SEB（南赤道縞）に空いた隙間，赤斑孔となる．大赤斑の色の変化はSEBの色相変化と関連しているように見える．縞が白色になると大赤斑は赤くなる傾向があり，逆に暗い時は明るくなる傾向がある．

大赤斑の他にも赤い色をした斑点が見られ，小赤斑とも呼ばれている．もともとは，数十年と比較的長期にわたってSEBに出ていた数個の白斑

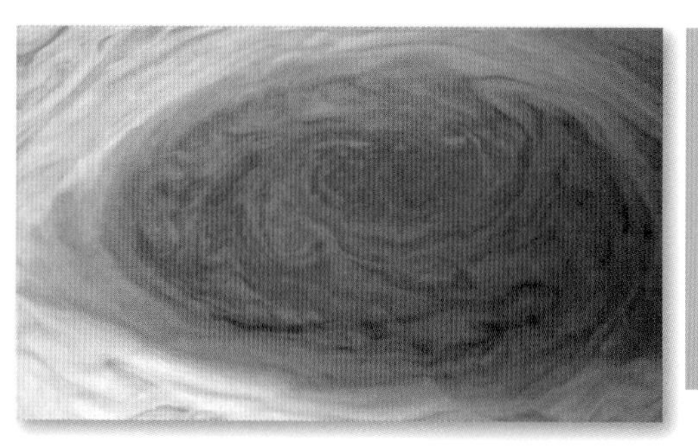

図 3-24　2017 年 7 月 10 日に探査機「ジュノー」が約 9,000 km の至近距離から撮影した大赤斑.

幅 1 万 6,350 km，これは地球の 1.3 倍の大きさがある．19 世紀の記録では 4 万 6,000 km もあったとされているので，現在は 1/3 程度に縮小したことになる．

©NASA etc. → p.186

図 3-25　大赤斑の風の流れ.

観測データから，根元が雲頂から約 300 km まで大気の中に入り込んでいることが示された．大気の深部からの上昇気流が中心から噴き出ているようだ．台風の目と同じで，中心部の気流はほとんど動かない．ただし左回りの回転方向から，高気圧循環であることになる．木星の赤外線観測から，大赤斑は温度の高い SEB（南赤道縞）の中で低温の渦のように見える．

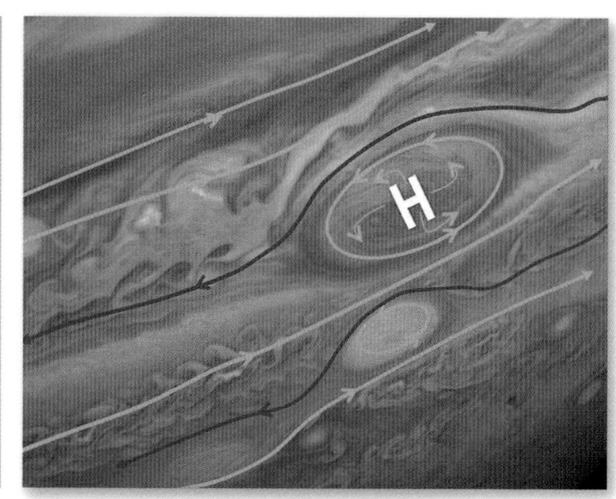

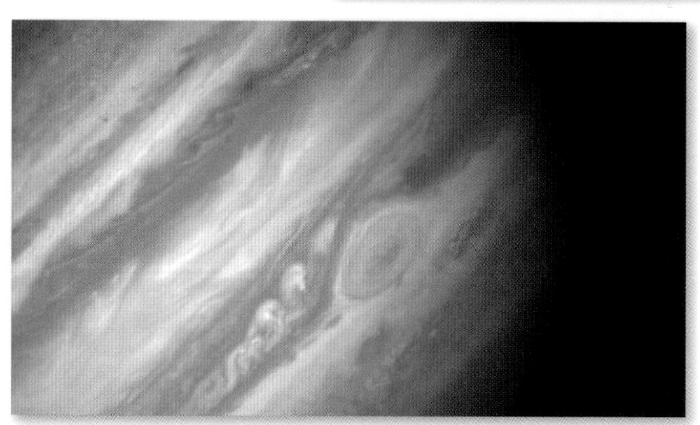

図 3-26　1999 年 6 月に撮影された大赤斑.

大赤斑は淡くなり，望遠鏡を使って肉眼で見た感じでは赤く見えなかった．そのかわり，SEB（南赤道縞）が濃くなり幅広くくっきりと見えていた．

©NASA etc. → p.187

（永続白斑とも呼ばれた）が合体し，大赤斑の 1/3 程度になり，赤く変化した．このことから大赤斑ができた理由に小さな渦状の白斑が集合合体したのでは，という説も出ている．

3-5 木星と土星のオーロラ

オーロラは「極光」といい，地球では南極や北極の夜空に輝く光のカーテンのような現象が一般的だ．オーロラ現象が目で見られる惑星の条件は，大気があって，ある程度強い固有磁場を持っていることだ．この条件にあてはまる惑星は，地球，木星，土星，天王星，海王星である．火星にも遠い過去，固有磁場があった時には見られたかもしれない．

まず，木星のオーロラから見てみることにしよう．地球では，太陽から吹き付けるプラズマの流れ，太陽風の影響でオーロラが突発的に増光する．一方，木星のオーロラは，地球の 100 倍以上もの明るさ，かつ何倍もの広さで常に発光している．また太陽風だけでなく，衛星イオからのプラズマと木星磁気圏の相互作用により，自発的にオーロラ爆発が起こるようだ．木星のオーロラは地球からは木星の昼間側の位置でしか見られないため，地球の地上からは見えない．もし木星に行ってオーロラを見たら，木星大気の水素原子が発光するピンク色のオーロラが見られるだろう．

土星は自転軸が 27 度傾いている．土星の磁極は自転軸にほぼ一致するため，土星の夏至や冬至の前後 7 年くらいは地球から土星の昼間の極がよく見える．土星のオーロラも太陽風プラズマが土星固有の磁場によって極に向かう時に発生するが，地球の地上からは見られない．土星のオーロラも木星同様水素の大気を光らせるので，土星の夜側に行けば淡いピンク色に見えることだろう．

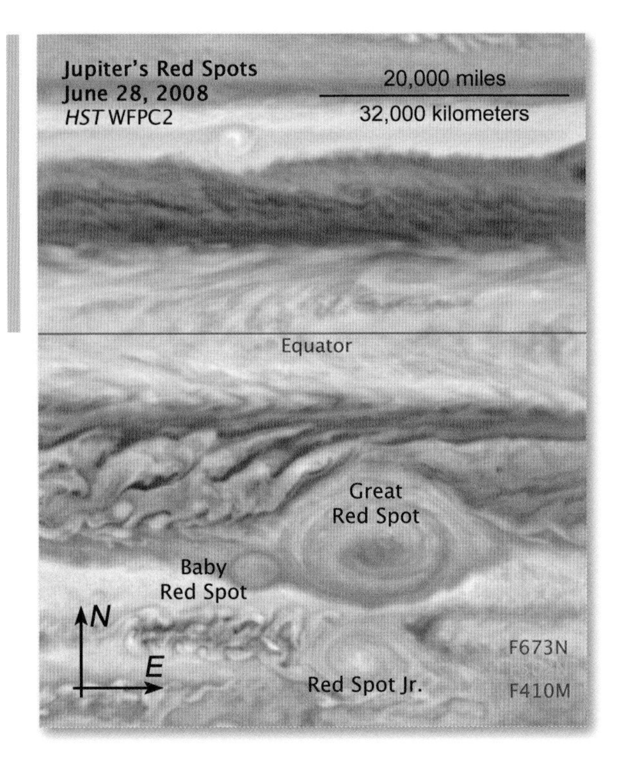

図3-27　2008年に木星大気の中に集まった3つの赤い斑点.

最も小さいベビー赤斑は撮影された6月に大赤斑の西端に位置していたが，7月には大赤斑の南側に入り込み，引き伸ばされて吸収された.

©NASA etc. → p.187

図3-29　ハッブル宇宙望遠鏡の紫外線カメラによって撮られた土星の紫外線オーロラ.

土星のオーロラの発光原理は地球と似て太陽の磁場と太陽風の圧力によるとされる．数日間という長時間活動しており，そのエネルギーを太陽風から受け取る仕組みは不明だ.

©NASA, ESA, J. Clarke (Boston University), and Z. Levay (STScI)

図 3-28　木星の北極と南極のオーロラ.

ハッブル宇宙望遠鏡が木星の北と南のオーロラを紫外光で撮影した．木星磁場は地球の4,000倍．地球のオーロラの100倍の明るさだ．

©John Clarke (University of Michigan), and NASA

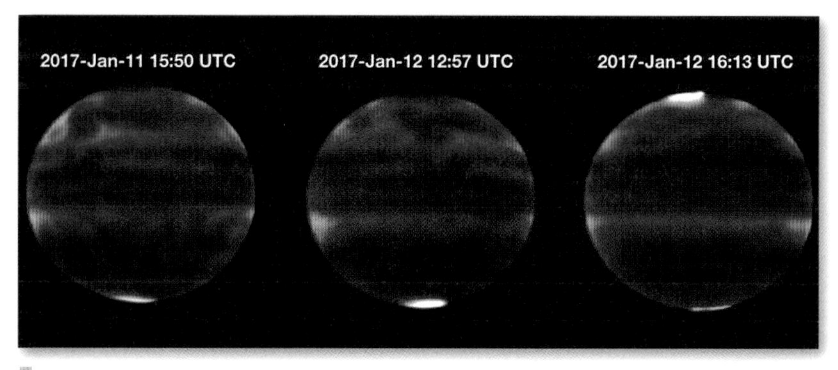

図 3-30　すばる望遠鏡で冷却された中間赤外線カメラと分光器（COMICS）成層圏温度に敏感な木星の赤外線画像.

暗く温度が低く見えるEZ（赤道帯）とは反対に南極，北極が明るいのは，太陽風によって生じたオーロラ帯で大気が過熱されている現象が見えている．

©NAOJ/NASA/JPL-Caltech

3-6 土星の大気と表面の模様

土星は木星同様，主に水素とヘリウムで構成されている巨大なガス惑星だ．中心には硬い岩石のコアを持っているとされるが，表面は木星と同じように雲で覆われ，地球のような硬い表面は表に出ていない．土星は太陽光を受け，そのエネルギーを赤外線として宇宙に放射しているが，木星同様に，受け取るエネルギーより，宇宙に放射しているエネルギーの方が多い．しかし，そのエネルギー源は木星とは違う．木星との大きな違いは土星のほうが小さいことだ．木星の質量の3割ほどであるため，土星内部が冷える速度は木星より速い．

土星の大気は水素分子が92.4%，ヘリウム7.4%，メタン0.2%，そしてアンモニア0.02%から成る．木星同様水素とヘリウムで99.8%にもなる．最も豊富な水素は，土星の質量が大きく，また低温のために土星の大気から逃げられなかった．しかし，土星のヘリウムの割合は木星（ヘリウムが大気の14%）または太陽で観測される（ヘリウム25%）よりはるかに少ない．しかし，土星が形成された際に，原始太陽系ガス雲からヘリウムが優先的に取り除かれるような出来事が起こった，あるいはより軽い水素が残っているにもかかわらず，ヘリウムが土星から選択的に脱出した，とは考えられない．むしろ過去のある時に，土星の大気から水素に比べて重いヘリウムが土星の中心に向かって沈み込み，外層での存在量を減らしたため比較的水素に富んだ状態になった．その際，ヘリウムが沈む時の重力エネルギーを熱にして開放していると考えられている．木星においても，ヘリウムの比率から同様の現象があったと考えられるが，両者の違いは，木星は内部および太陽からの熱エネルギーが土星より大きく，その分大気の温度が高く保たれ，対流など気象現象の運動により水素とヘリウムが強く撹拌され，土星より多くのヘリウムが大気に残っているのだろう．

土星の大気構造を見ると，多くの点で木星のそれと似ているが，太陽からの距離が遠く，雲がやや厚いため，気温が低い点が異なる．

土星においても木星のように対流圏の一番上を基準レベルとし，そこを0 kmに設定する．雲頂は，このレベルより約50 km下にある．木星の

図3-31　土星の縞の構造と呼び名.

土星本体には木星同様縞模様が見られる．雲の層が木星よりも広がり，さらにはアンモニアなどの粒子が上空を霞のように覆っているため，模様が見にくくなっていると考えられている.

©NASA/JPL/Space Science Institute

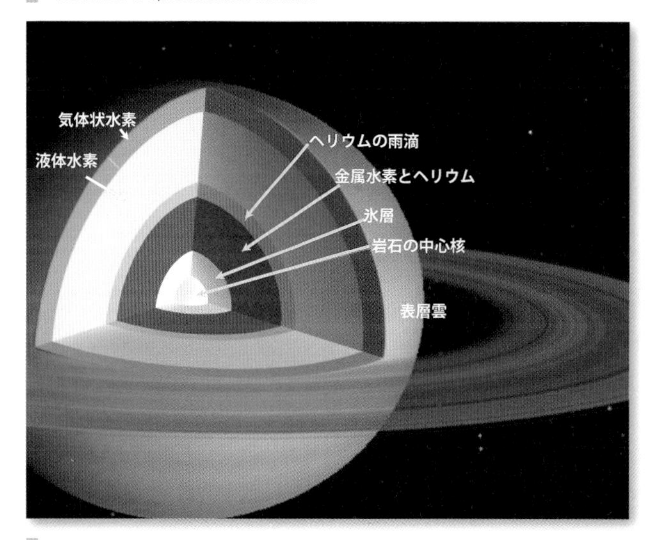

図3-32　土星本体の内部構造.

中心核は地球の質量の9～22倍，直径約2万5,000 km，温度は2万度，岩石と氷が混ざりあった固体．周りを金属水素とヘリウムの混合した層が囲み，さらにヘリウムの液層が続く．液体水素の層は徐々に高度の増大に伴って気体水素に移行する．最外層は1,000 kmにわたり，水素，ヘリウム，アンモニア，メタン，水で構成されていると考えられている．土星は太陽から受け取るよりも2.5倍多くのエネルギーを宇宙に放射している.

©NASA/JPL-Caltechに加筆

場合と同様に，雲は３つの異なる層に配置され，アンモニア，硫化水素アンモニウム，水の氷晶による雲から構成されている．ハッブル宇宙望遠鏡で見た土星は，表面最上部にあるアンモニアの雲の中の結晶に由来する，白や黄色の縞が見られる．木星ほどはっきりしないのは，大気最上部全体にカスミがかかっているためだ．

土星の自転は木星と同じく，緯度によって異なった回転周期を持つ．それぞれ以下のようである．

体系Ⅰ：10 時間 38 分 25.4 秒，赤道域含む

体系Ⅱ：10 時間 38 分 25.4 秒，他の領域

体系Ⅲ：10 時間 39 分 22.4 秒，電波放射に基づく

そのため土星本体は赤道半径が 6 万 268 km に対して極半径は 5 万 4,364 km と，赤道方向に膨らんだ楕円体になっている．土星の縞模様も赤道に沿って平行に並び，南北の極方向に細い縞と帯が交互に並んでいる．縞模様の動きは東向きに流れているが，木星の流れよりも強い．それは最大で風速 500 m/s と，太陽系で最も強い気流である．

3-7 30年に一度見られる大白斑

土星は 1876 年に初めて観測されて以来，ほぼ 30 年ごとに北半球にグレート・ホワイトスポット（大白斑）と呼ばれる暴風のような現象が見られる．これは土星の公転周期 30 年との関連性があると考えられる．1876 年以後 1903 年，1933 年，1960 年，そして 1990 年に観測された．大白斑は小さな望遠鏡でも見える．例外的に発生した 2010 年の大白斑は口径 6 cm の望遠鏡で見えた．この時期は土星の北半球が春分を過ぎ，夏に向かう時期であり，暴風が発生しやすい季節なのかもしれない．

大白斑がなぜ北半球に起こるのか不明である．原因として，木星より豊富にある土星の水分子が注目されている．南北半球の大気は 30 年ごとに訪れる夏至の太陽に暖められる．夏至以前の土星の水素とヘリウムの大気は冷えているため体積が減り，いわば重くなる．大気下層の水分子の雲は夏至が近づくにつれて，太陽の光を吸収し暖まって相対的に軽くなる．暖

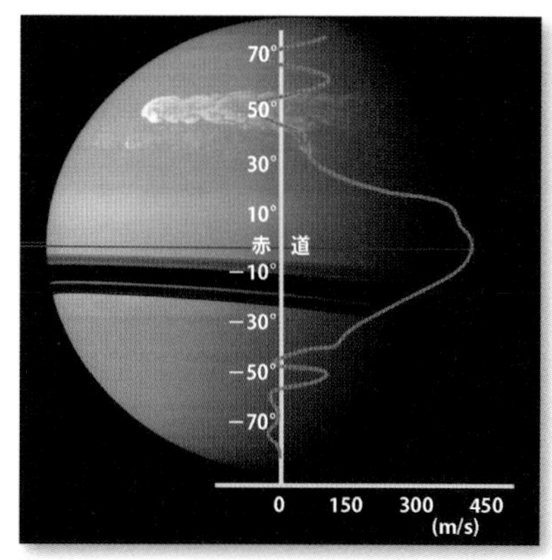

図 3-33　土星大気の風向と風速.

土星の大気の流れは東西方向の一様性が目立つ．さらに赤道の東風が卓越しており，風速は 500 m/s，これは木星の赤道域の風速の 4 倍にもなる．また，気流の幅も 2 倍ほどある．

©NASA/JPL-Caltech に加筆

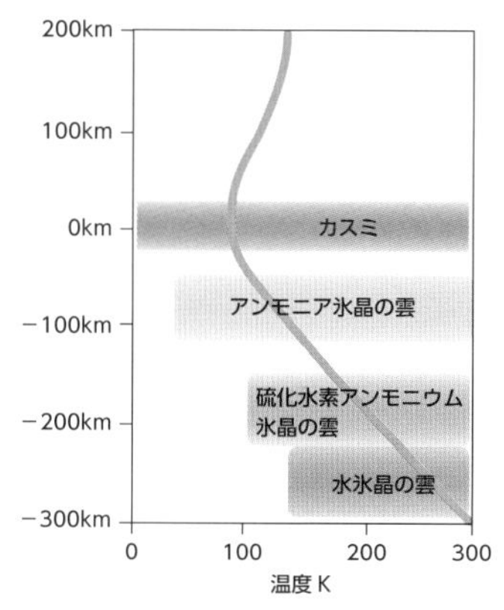

図 3-34　ボイジャー探査機による土星大気の垂直方向の高度と気温.

高度が上がるにつれて気温が低下する対流圏．その上に温度が上がる成層圏がある．木星同様アンモニア，硫化水素アンモニウム，水の氷晶による雲の 3 層構造となっている．

©NASA/JPL-Caltech を元に作成

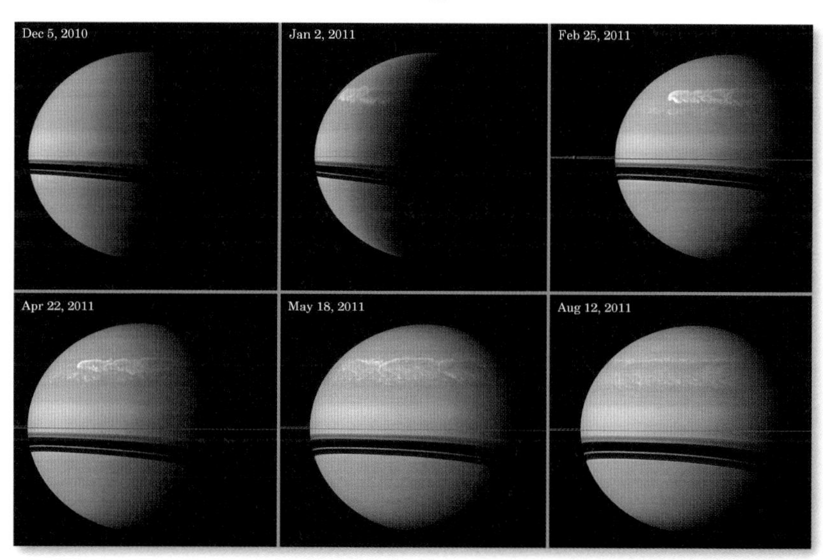

図 3-35　カッシーニ探査機が記録した，2010 年 12 月に土星の北温帯で発生し，2011 年にかけて観測された，グレート・ホワイトスポット（大白斑）と呼ばれる突発的で非常に爆発的な現象である．嵐の頭部から南北に広がった雲は東風に乗って右方向になびいた．

©NASA/JPL-Caltech/SSI

図3-36　土星のリング構造.
2013年7月19日に撮影された土星のリング．逆光で淡い外部リングが浮かび上がって見えている．さらに地球も黄色いラインの先に見えている．

かく湿った大気は急速に上昇して土星の成層圏に達する雲を形成するのだろう．2010年を除くすべての大白斑は，土星の北半球の夏至の後，夏季期間中に発生している．2020年，2050年前後に見られる可能性がある．

3-8 リングワールド

土星といえば本体を取り巻く大きなリング，と誰でもイメージできる．さまざまな星がらみのキャラクターデザインにも登場する．太陽系惑星のゆるキャラ，とでもいえようか．

しかしながら，土星のリングの形成は，よくわかっていない．

それらは数μmからmのサイズの数え切れないほどの小さな粒子から成り,土星の周りを周回している．そのほとんどは氷の粒子でできていて，微量の岩石鉱物が含まれている．

リングは土星の誕生よりかなり遅い時期に土星に接近した彗星や氷衛星が砕けて形成されたと考えられてきた．その「白さ」からおそらく1000

万年から1億年前の可能性がある．古ければ惑星間を漂うチリで，もっとうす汚れているはずだ．しかし，土星探査機「カッシーニ」の観測からはリングの中は小さな氷粒子が寄せ集まった小塊を構成していることがわかり，それが絶えず離合集散を繰り返しながら表面の白さを保っている，というのだ．

小塊には無数の氷粒子中に埋もれた直径約数100 m程度の小さな衛星があり，その重力で周囲の氷粒子が衛星に引き寄せられ，衛星表面に降り積もったり，周辺の氷粒子がこすれ合いながら衛星の前後に伸びるプロペラ構造が作られる．

土星の6つの主要なリングはそれぞれが数千の小さな帯状の構造で構成されている．リングは巨大で，直径が土星の赤道上7,000 kmから8万kmの距離にまで広がっている．さらにその痕跡は27万kmに及ぶ．しかし，それらは非常に薄く，希薄なチリの広がりは最も厚いリングでも数十mだ．

リングはそれぞれ発見順にA，B，C，D，F，少し離れてG，さらに非常に淡いEリングで構成されている．実際の順序は，土星に近い順にD, C, B，A，F，G，Eとなっており，小型望遠鏡でもはっきり見られるのが最も明るいAとBの2つのリングだ．

Aリングは小型望遠鏡で見た時に最も外側に見えるが，幅は1万4,600 kmに対し，厚さは30 m程度だ．Bリングは厚さ5～15 m，幅2万5,500 km，明るさ，質量ともに最大のリングである．Cリングはクレープリングと呼ばれ，幅は約1万8,000 kmもあるが厚さは数mという薄いリングであり，口径20 cm以上の望遠鏡でかろうじて見える．Dリングは最も内側で，小型望遠鏡では見えない．

Fリングは非常に狭く，2つの衛星－パンドラ（外側）とプロメテウス（内側）－によって保持されている．2つの衛星はリングの内と外をまわっている．それらは輪の中の粒子の動きを制御するので，羊飼い衛星と呼ばれている．さらに遠くにはGリングがあり，最後にEリングがある．これは，非常に希薄で顕微鏡サイズのチリや煙の粒子のような細かい氷の粒子からできている．Eリングはエンケラドス衛星の南極ジェットによって放出された粒子との関連が有力視されている．

リングとリングの間に，すき間がある．もっとも有名なのは，AリングとBリングの間にあり，望遠鏡で見ると黒いスジが「カッシーニの空隙」といわれるすき間だ．しかし，探査機が撮影したリングの写真を見ると，そこには幾筋もリングが存在している．Aリングの中に，「エンケの空隙」があり，これは幅が狭いがくっきりとしている．

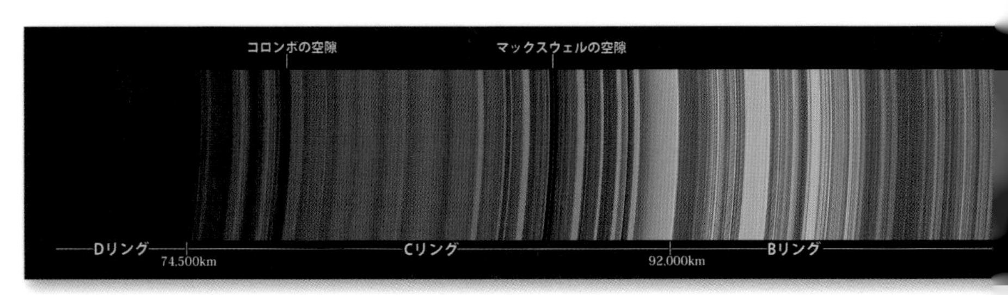

図3-40 2007年5月9日にカッシーニが撮影した詳細なD，C，B，AおよびFリング．

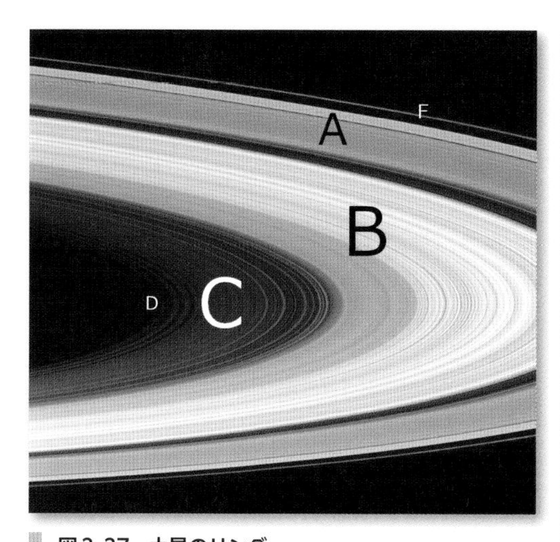

図3-37 土星のリング.
カッシーニ探査機撮影のA～DとFの5つのリング.

図3-38 羊飼い衛星が作るドレープ.
Fリングは，内側にプロメテウス，外側にパンドラという2つの衛星に挟まれている．2つの衛星の引力でリングの氷の粒子が整列されている.

図3-39 土星のリングの力学 プロペラ構造.
リングは1cm～10m程度の大きさの莫大な数の氷粒子が離合集散をしながらスジ状構造を作っている．さらにリング中の極小衛星が氷粒子を集め，そこにプロペラ状のすき間構造を作り出している.
 →p.187

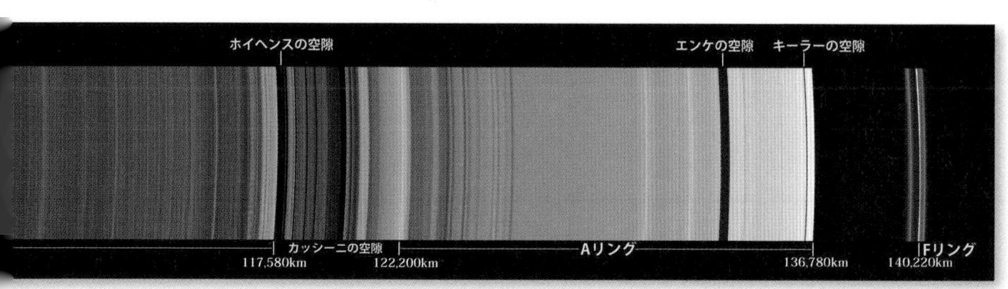

Column 3

木星への天体衝突

木星の強い潮汐力で分裂，木星面に衝突したシューメーカー・レヴィ第 9（SL9）彗星が次々と黒い衝突痕と雲を巻き上げたことは，第 3 章で取り上げた．その後，今までの木星観測で同じような記録が残されていないか，世界中の天文台のスケッチや写真記録などがチェックされた．その中で，1996 年に日本のアマチュア天文家の田部一志氏が，フランスのパリ天文台で，なんとカッシーニが残した木星スケッチから発見したことが話題になった．1690 年 12 月 5 日，14 ～ 16 日，19 日，23 日に観測され，その形状の変化は，1994 年の SL9 彗星の時の衝突痕の変化と極めて良く似ている．カッシーニの観測を正確なものとするならば，痕の直径は 5 日で約 7,500 km，12 月 23 日には東西に約 35,000 km まで伸びたと田部氏は見積っている．そのため，これは天体の衝突による痕跡に違いないと考えられている．

以後，木星に天体が衝突したと思われる観測結果が次々と出てきている．右下の写真は 2009 年にハッブル宇宙望遠鏡で撮影された衝突痕である．これ以外にも 2010 年，2012 年 9 月，2016 年 3 月，2019 年 8 月に閃光が記録されている．

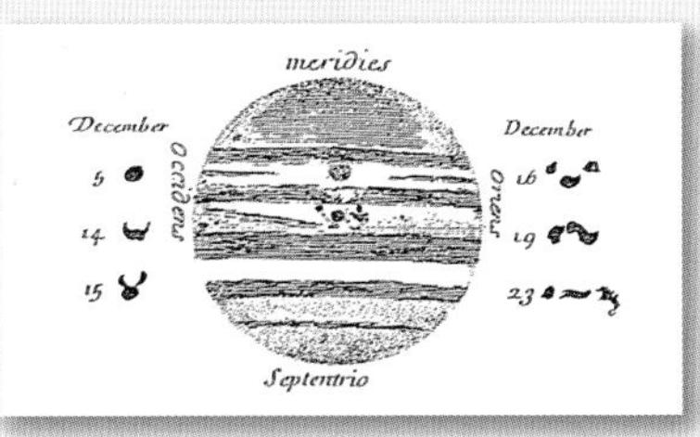

カッシーニの 1690 年 12 月の木星痕記録．

ハッブル宇宙望遠鏡で撮影された衝突痕．オーストラリアのアマチュア天文家が発見した痕跡を 2009 年 7 月 23 日に撮影した．

第4章

木星と土星の衛星

4-1 木星と土星の衛星

木星と土星の衛星は，2019 年 11 月の時点で木星は 79 個．そのうち 53 個の名前付き衛星があり，さらに 26 個が正式名を待っている．木星の衛星のうち，11 個が直径 50 km 以上であり，37 個は直径 10 km 以下という小型の衛星だ．あとは大きさが不明である．土星は軌道が確認されたもので 82 個の衛星を持っている．そのうち 53 個は名前を持ち，さらに 13 個が直径 50 km より大きいサイズである．他にも土星のリングの中にうずまっている 150 以上の小衛星もあり，とにかく多数かつ多様である．

木星，土星の主要な衛星たちは，太陽系で惑星が形成されたと考えられているプロセスと同じようにできたと考えられている．ガスジャイアントと呼ばれる原始ガス惑星が形成されると，それらの周りには衛星を形成するガスとチリの円盤（膠着円盤）がとりまき，この中から衛星が誕生した．木星は規則的な惑星のような軌道に 4 大衛星（ガリレオ衛星），イオ，エウロパ，ガニメデ，カリスト，を所有しているが，土星では大型の衛星はタイタンのみだ．タイタンの形成のために提案されたモデルによると，土星のシステムは木星のガリレオ衛星に似た衛星のグループで始まったが，その後一連の巨大な衝撃によって破壊され，タイタンを形成することになる．土星の中型衛星，例えばイアペタスとレアは，これらの衝突の残骸から形成されたという．ガリレオ衛星やタイタンは，惑星クラスの大きさと質量を持ち，形も球形であるため，それらが太陽の周りをまわっていれば惑星と見なされるだろう．

ガリレオ衛星についで発見された木星の衛星アマルティアは，4 つの小型の衛星とともにガリレオ衛星より内側をまわっている．これらは木星のリングを構成するチリの放出源となっている．残りの衛星たちは不規則な形の小型衛星であり，それらの軌道は木星からはるかに離れており，大きな軌道傾斜と楕円軌道を持ち，中には逆行軌道のものもある．これらの衛星はおそらく木星によって太陽の軌道から捕らえられた小惑星や彗星だったのだろう．

土星の衛星で最も注目されているのは，タイタンとエンケラドスであろ

図 4-1　木星と土星の主な衛星.
地球と月の大きさと比較して，木星の４大衛星，土星のタイタンが大きいことがわかる.
©NASA: Moons of solar system scaled to Earth's Moon を元に作成

う．タイタンは太陽系の衛星たちの中で唯一濃い大気を持っている．それも地球より濃い窒素を主とした大気である．

エンケラドスは氷の衛星と考えられるが，その割れ目から水蒸気が噴出しているのが確認され，氷の表面の下には海があると考えられている．

この章では木星，土星の注目されている衛星たちを中心に，衛星と呼ばれる天体たちのユニークな姿を見ていくことにする．

4-2 木星の4大衛星

ガリレオ衛星は，その大きさは惑星の水星や地球の衛星の月と比較して大きく，太陽系の惑星並みといえる．これらは巨大な木星誕生時に集積されたガスやチリ，さらに原始木星が強大な引力でかき集めた微惑星，氷塊が元となって形成されたと考えられる．では木星に最も近い衛星イオから見ていこう．

イオ

イオは直径 3,642 km，地球の月とほぼ同じ大きさだ．

イオの表面を見ると，地球の月や多くの衛星の表面に見られる，衝撃クレーターが見られない．代わりに黄, 赤, 緑, 黒, 白といった模様に覆われ，まるでピザか夏ミカンのように見える．黄色や白の大部分は，硫黄と二酸化硫黄の霜で覆われた広い平原からなっている．イオの密度は 3.53 g/㎤，ほとんどが水氷とケイ酸塩の混合物で構成されている他のガリレオ衛星はエウロパで 3.01 g/㎤，ガニメデとカリストは約 1.9 g/㎤である．このことからイオの主成分はケイ酸塩の岩石であり，溶けた鉄もしくは硫化鉄の中心核を岩石が取り囲んだ構造をしていると考えられている．

イオの表面には数多くの黒い火口のような地形が見られるが，500 個を超える火山地形が見つかっている．いくつかの火山は硫黄と二酸化硫黄の噴煙を発生させており，その高さは表面から 500 km にも達する．イオの表面には 100 以上の山も見られ，イオの地殻の構造運動で形成されたと考えられる．これらのうちいくつかは高さが 10 km を超える．イオは太陽系で最も地質学的に活発な天体である．

イオの地質活動は，木星とガリレオ衛星エウロパ，ガニメデの引力によってイオ内部で発生する「潮汐加熱」による．その大きさは，地球のような内部からの放射性同位元素の崩壊熱だけの場合と比べ，最大で 200 倍の熱量となる．そのためイオの熱流は地球のそれよりはるかに高く，内部は岩石が溶けたマグマオーシャンを含んでいると考えられている．イオの地表を覆っている溶岩の量は，地球上で噴火し流出している溶岩よりも多いかもしれない．

図 4-2　地表を硫黄の酸化物で覆われたイオ.

中心のすぐ左側の暗いスポットは，噴火する火山のプロメテウス．その両側の白っぽい平野は堆積した二酸化硫黄の霜で覆われ，黄色の領域は硫黄の割合が高い．赤い模様は短鎖硫黄同素体による．

©NASA/JPL/University of Arizona

図 4-3　ガリレオ探査機がとらえたイオの噴火.

この画像は，イオの火山ピランパテラからの噴煙がイオの端でとらえられた．

©NASA/JPL/DLR

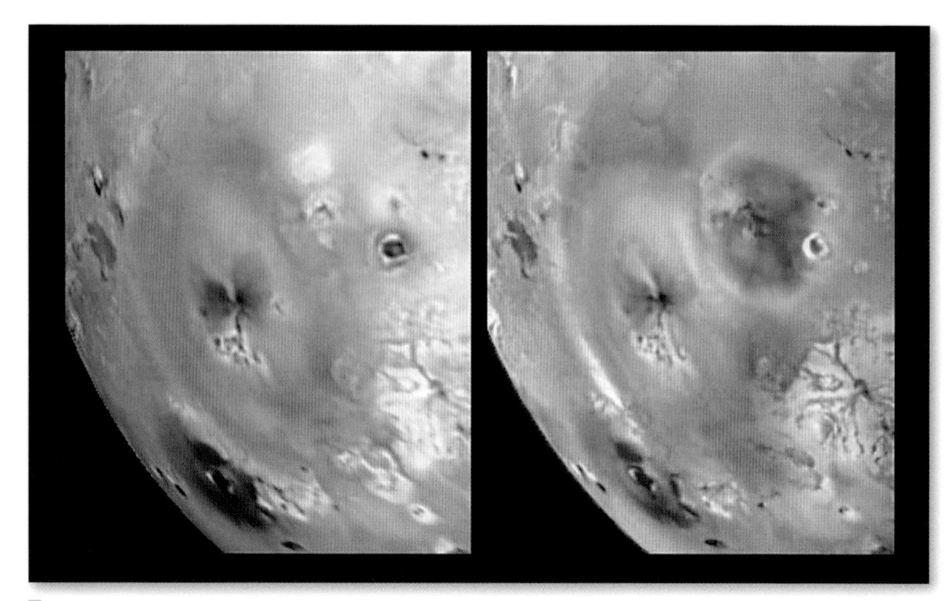

図 4-4　ガリレオ探査機による 1997 年のピランパテラでの大噴火による表面変化を示す 2 つの画像.

1997 年 4 月 4 日（左）と 1997 年 9 月 19 日（右）に撮影された．ピランパテラ周辺の新しい黒い円形の痕跡は直径約 400 km．赤い円形の噴出物に囲まれた黒い火山はペレである．ガリレオは，この場所に高さ 120 km の噴火を観測した．

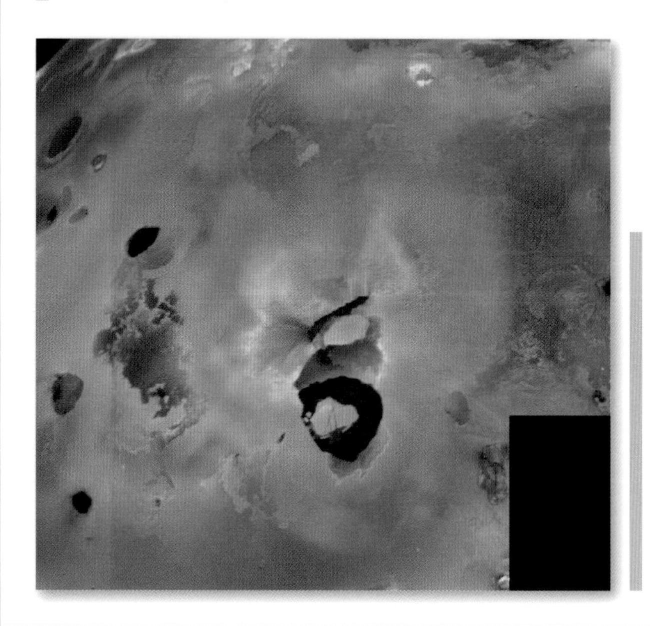

図 4-5　ロキ・パテラ.

多数の火山と溶岩流が見えている．大きな円型の黒い地形は活発な溶岩湖であるロキ・パテラである．明るい白っぽい模様の地域は，二酸化硫黄の霜がおそらく新たに堆積した地域である．ロキを含む黒い斑点は熱い硫黄溶岩であり，高温のマグマの侵入によって溶けたままになる可能性がある．

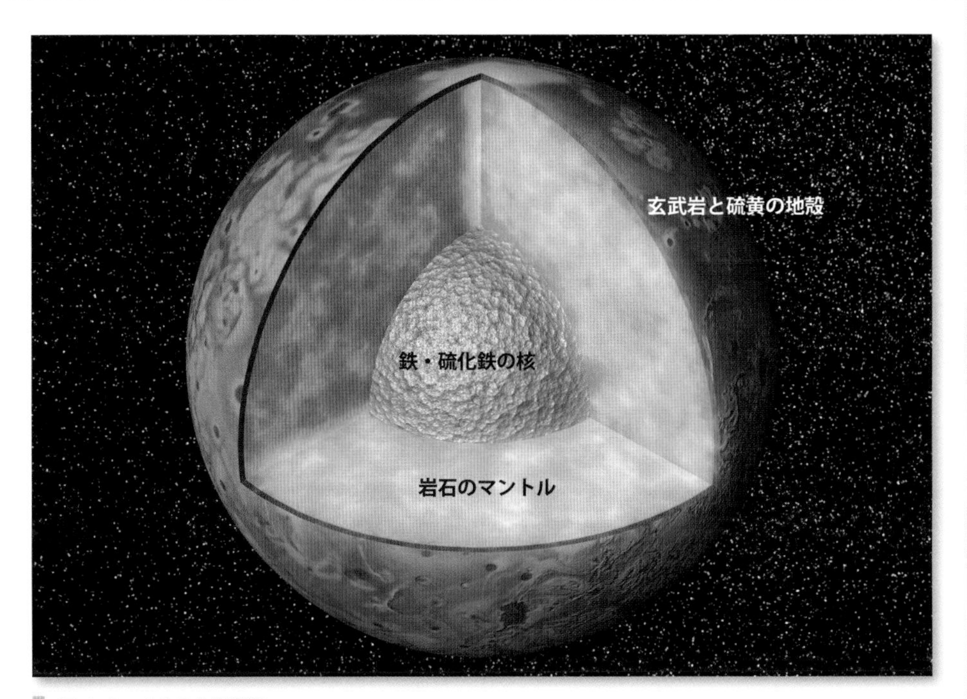

図 4-6　イオの内部構造.

衛星の表面は，NASA のボイジャー探査機によって 1979 年に取得された画像のモザイク．内部は，NASA の重力場と磁場測定から推測された．イオには，直径 550 ～ 900 km の鉄，硫化鉄の核（灰色で表示）があり，その周りをマントルが取り巻く．玄武岩と硫黄の地殻は 12 ～ 40 km の厚さで表面を覆っている．

©NASA/JPL

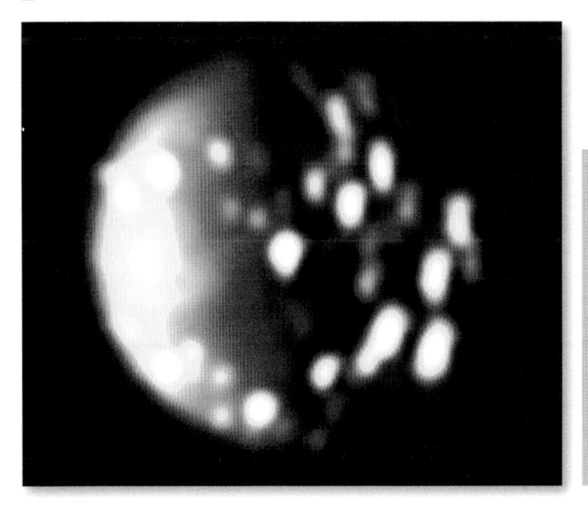

図 4-7　木星探査機「ジュノー」撮影のイオの火山.

南極周辺の熱源の位置を強調している．明るい点は活火山．太陽系で最も火山が活発な世界である．500 を超える火山がイオの表面に点在している．ジュノーに搭載された木星赤外線オーロラマッパー（JIRAM）機器によって 2017 年 12 月 16 日に収集されたデータから生成された．

©NASA/JPL-Caltech/SwRI/ASI/INAF/JIRAM

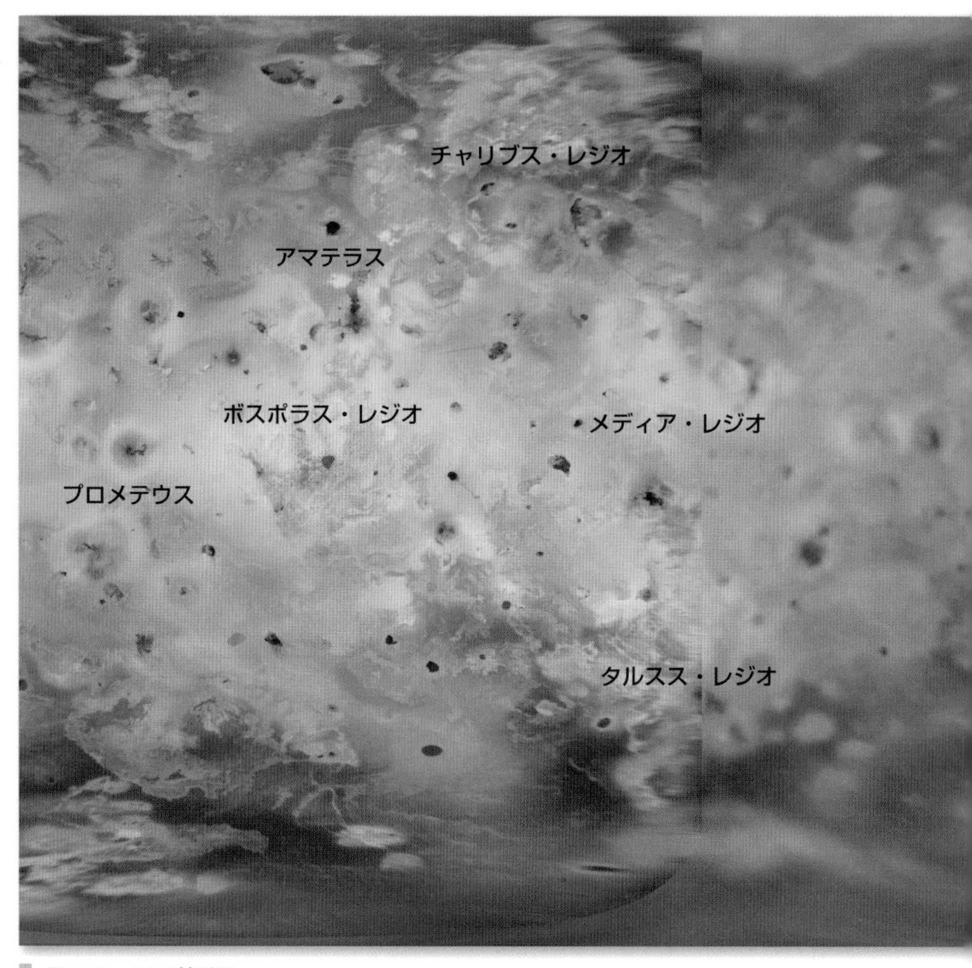

図 4-8　イオの地形図.

イオのこの地形図は，ボイジャー 1 号とガリレオミッションの双方の画像を組み合わせて作成された．1979 年に，2 つのボイジャー探査機が木星に接近し，イオをスイングバイ探査した．そこで初めてイオが地質学的に活動的な世界であることを明らかにした．そして，多数の火山の特徴，大きな山，明白な衝撃クレーターのない若い表面の様子をとらえた．イオは他のガリレオ衛星同様，自転と公転が同期しているため，常に同じ表面を木星に向けている．イオの公転方向にあたる先行半球（図の右側）に目立っている赤い円形の模様の中にある火山，ペレはイオで最大の目に見える火山で，また地球以外で発見された最初の活火山，という特徴がある．ペレは伝説的なハワイ火山の女神にちなんで名付けられた．周囲のハート型の大きな赤いリングは，ペレのプルームから発生する硫黄降下物から形成され，直径 1,300 km 以上に達する．ロキはイオで最も活動的な火山である．イオは，地球以外の太陽系内のあらゆる天体の中で活発な火山活動が発見された最初の天体とされている．

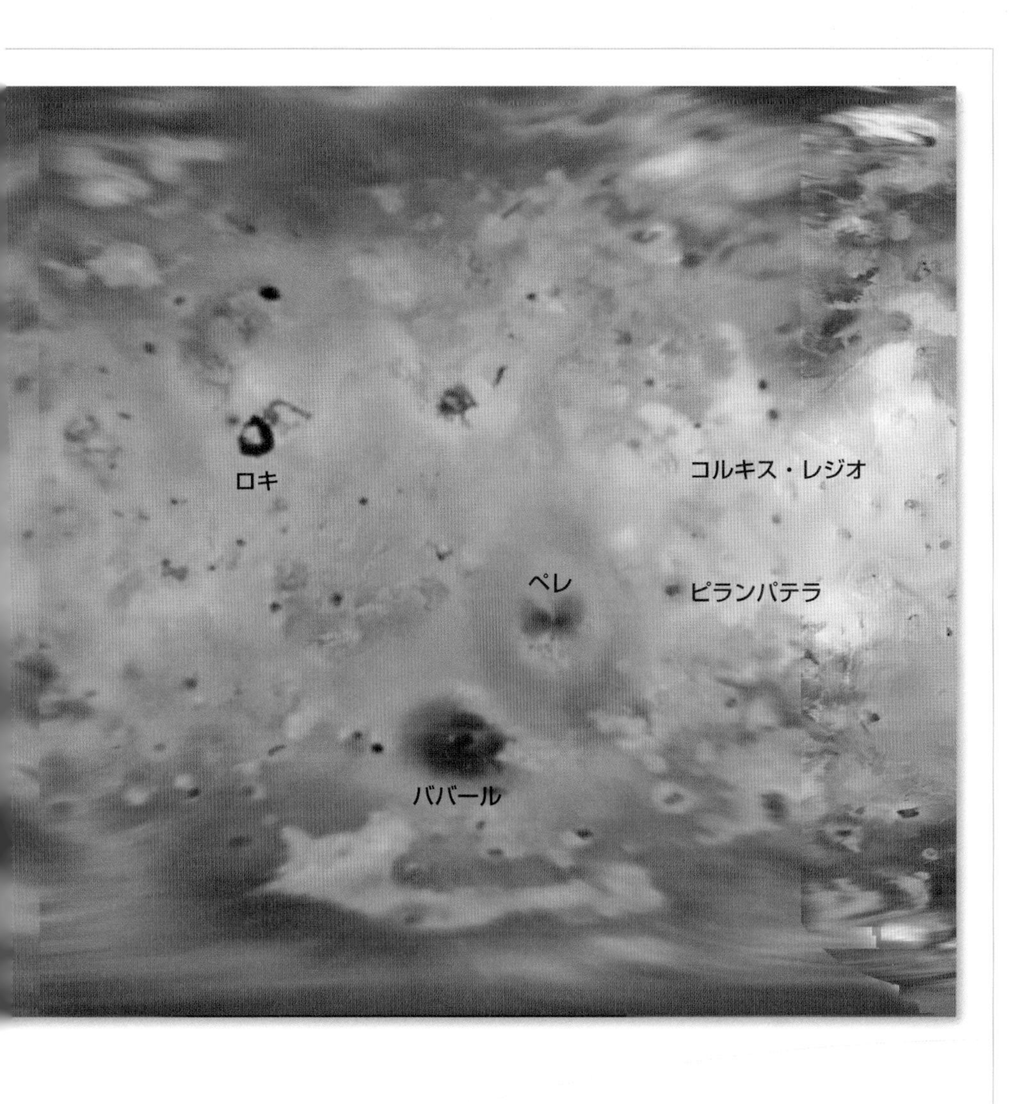
ロキ
コルキス・レジオ
ペレ
ピランパテラ
バブール

エウロパ

ガリレオ衛星の中でイオに続く2番目に木星に近い衛星である．

直径3,124 km，地球の月より少し小さい．ガリレオ衛星の中では最も小さい衛星であり，太陽系の衛星の中では6番目の大きさだ．その密度は3.0と，地球の月と組成が似ている．このことから主に珪酸塩岩で構成され，中心には鉄あるいは硫化鉄の核があることを示唆している．その表面は水の氷で構成されており，すべての太陽系天体の中で最も滑らかである．クレーターなどの地形は見られないことから若い表層を持ち，常に入れ替わっていることが考えられる．そのため，エウロパの地表は100 km程度の厚さの水で覆われていると推定される．その表層は氷の地殻として凍結し，内部は液体の海になっていると考えられている．地表面の温度は

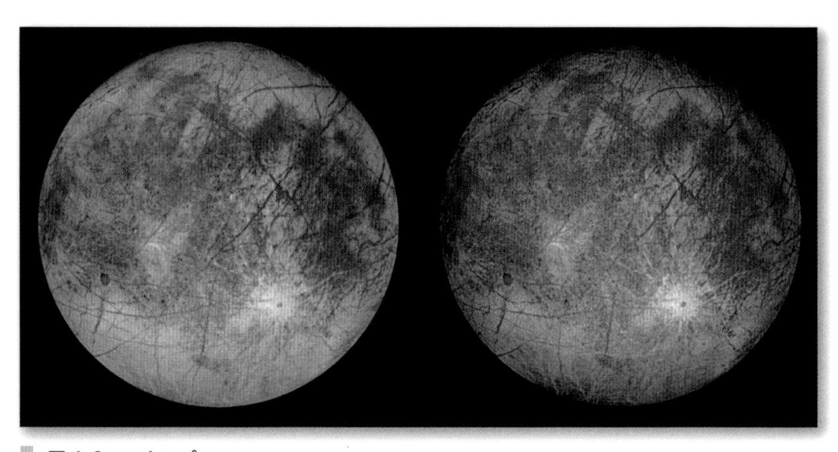

図4-9　エウロパ.

左は自然な色合いを再現したもので，右は表面の特徴がわかりやすくなるように色合いを強調した．褐色を帯びているのは，内部の海より噴き出して析出した塩分あるいはソリンと総称される非生物由来の有機化合物でできていると考えられている．

図4-10　（97ページ図）エウロパの氷の表面を横切る独特の亀裂は，エウロパが経験したストレスの手がかりとなる．それは木星や他の衛星との潮汐作用により，エウロパを最大約30 m歪ませる力が働く．氷層はこれらの変化に対応するために伸縮するが，応力が大きくなりすぎると割れる．このモザイク画像からは，亀裂が多方向に配置されているが，この理由が軌道力学的なものか，エウロパ内部によるものか，議論されている．

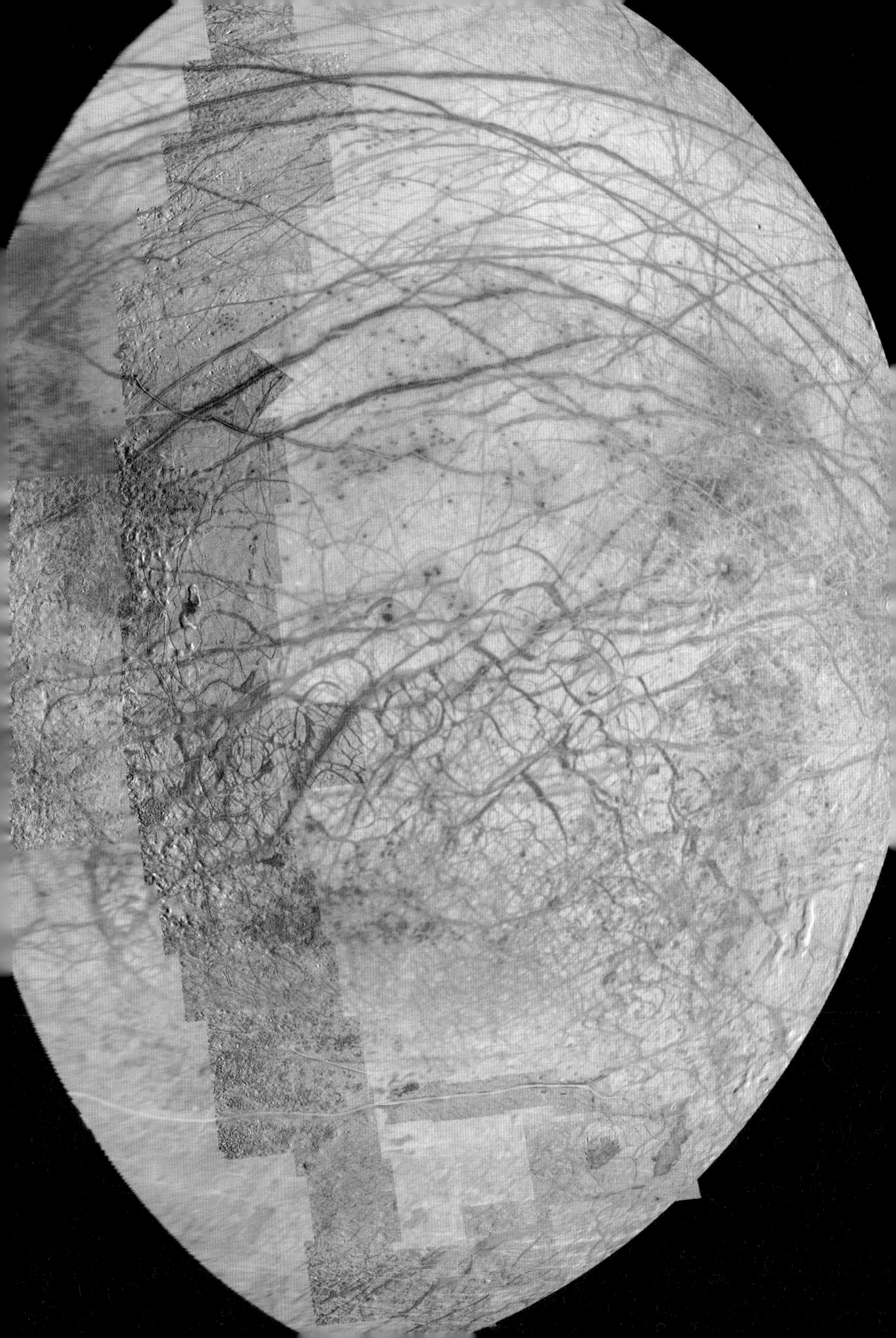

最高でも 123K（−150℃）だが，地下内部の海はおそらく 15 〜 25 km の厚さの氷の下にあり，60 〜 150 km の深さの液体の海があるのではないかと考えられている．

イオ同様，エウロパはほぼ円軌道を描いているが，他のガリレオ衛星からの引力によって軌道がわずかに偏心している．エウロパが木星にほんの少し近づくにつれて，木星の重力が増大し，エウロパは木星に向かって伸びるようになる．逆にエウロパが木星から少し離れるにつれて，木星の重力が減少し，より球形に近づく．この潮汐作用によりエウロパの内部が振動し，それが熱源となりおそらく地下の地質学的運動をおこし，その熱によって液体の海を形成することを可能にしているのだろう．

ハッブル宇宙望遠鏡の観測からエウロパの南極地域でプルーム（噴出）が観測された．その原因はエウロパ表面に見られる長く延びた，断層のような亀裂から間欠泉のような仕組みで水蒸気が放出されているのだろうと考えられている．さらに噴き出した水蒸気はエウロパに降り注ぎ，地形を覆うため，エウロパの表面は白く，汚れが少ないのだろう．

エウロパ表面にはひび割れ，尾根，衝突クレーター，氷の表面が乱れて不均一に見える「混沌」と呼ばれる領域などがある．最も印象的な特徴は表面に見られる線条の一連の濃い縞だ．これらの長い線条の地形は地表面のひび割れで，割れ目の両側の縁が互いに動いていたことが見て取れる．大きな線条では，幅が 20 km を超えている．表面に広がっている幅広の暗い線条が見られるが，その上を新しい割れ目が横切っているように見える．赤みを帯びた縞には硫酸マグネシウムなどの硫酸塩が含まれている可能性があると考えられている．これらの縞はエウロパの地殻が広がってその下のより暖かい層を露出させるにつれて，一連の暖かい水の噴出によって作られたというものである．それは地球の海洋底に見られる海溝あるいは大陸の地溝帯に似ている．これらは，大部分が木星によって引き起こされた潮汐の「ひび割れ」の結果と考えられている．

エウロパの自転周期と木星をまわる公転周期は同期しており，したがってエウロパの同じ半球は常に木星に面している．そのため，エウロパに加わるストレスはエウロパの特定の地域に明確で予測可能なパターンを形成

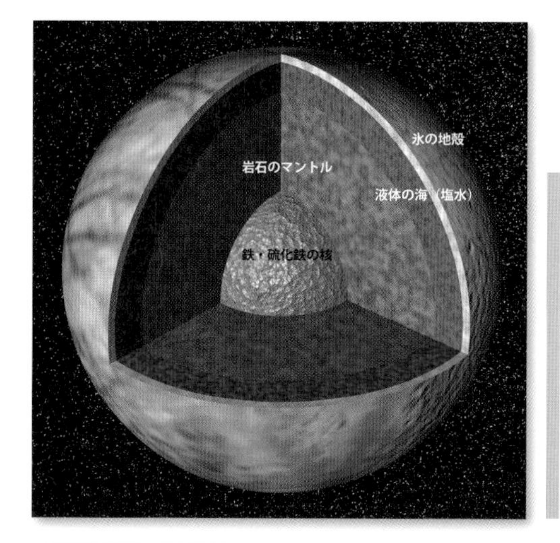

図 4-11　エウロパの内部構造の断面図．

地球の月より一回り小さい．中心は鉄と硫化鉄の核（灰色で表示）がある．核は，岩のマントル（茶色で表示）に囲まれている．マントルは，60 ～ 150 km の氷または液体の塩水で囲まれている（青と白）．表層は，15 ～ 25 km の厚さであるかもしれないという．

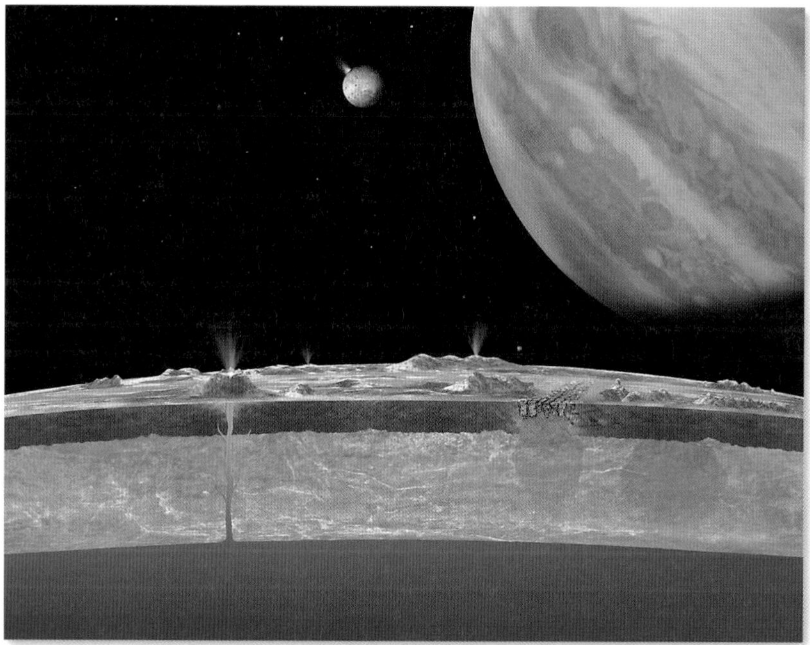

図 4-12　エウロパの表層と地下海の構造（想像図）．

エウロパからの新しい証拠に基づいて，エウロパ内部の塩水が表面に開いた割れ目を介して噴出が起こり，それによってカオス地形が形成されていることを示唆する．

すると考えられる．実際にエウロパで最も新しい地溝帯が見られる．

さらに，潮汐加熱によってエウロパ内部に塩分濃度の高い海が液体の水の状態で存在する可能性が高い．海底での火山活動または熱水活動にもつながり，海洋を生物に適したものにすることができる栄養素を供給することができる．まだ検証されていないが，これらの要素はエウロパが生物の住める環境を備えもっているかもしれないことを示唆している．

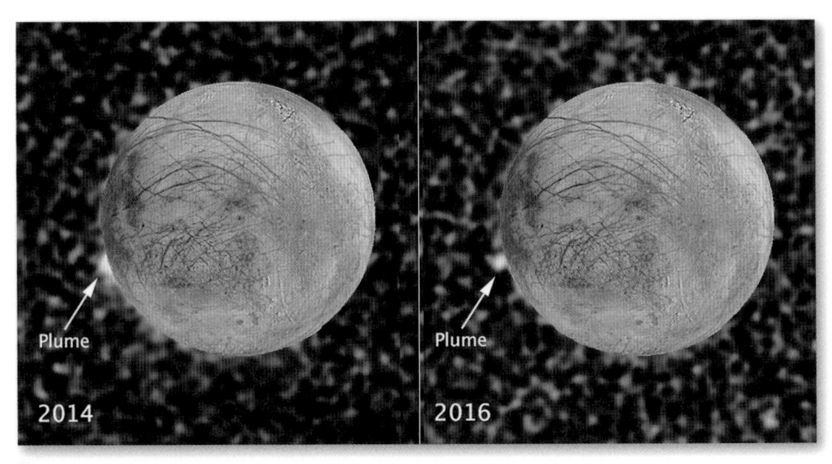

図 4-13　ハッブル宇宙望遠鏡がエウロパから繰り返される噴出を発見した．

これらの合成画像は，エウロパの同じ場所から 2 年離れて物質が噴出する様子を示している．プルームという現象であり，衛星上の同じ地域で断続的に広がっている．NASA のハッブル宇宙望遠鏡イメージング分光器によって紫外線で撮影されたプルームは，エウロパが木星の前を通過する時にシルエットで見られた．右の画像は 2016 年 2 月 22 日に撮影され，噴出はエウロパの凍った表面から約 100 km 上昇した．左の画像は，2014 年 3 月 17 日に観測したもので，同じ場所から発生している．高さは約 50 km と推定されている．これらはハッブルの画像にガリレオ探査機の画像を組み合わせた．噴出は，1990 年代後半にガリレオ探査機によって見られた氷の地殻上の異常に暖かい場所に対応している．研究者は，これがエウロパの地下の海から表層へ水が供給される証拠であると推測している．この事実からも，凍った地殻の下に存在するとされている全球規模の海洋の存在に関連している可能性があると考えられている．

図 4-14　エウロパの氷結した表面に線状やカオス状の複雑なパターンが見られる.
新しい割れ目がより古いものを横切る層序構造や，表面がばらばらに広がった「カオス地形」の領域も含まれている.
©NASA/JPL-Caltech/SETI Institute

ガニメデ

ガリレオ衛星で最大，かつ太陽系の中で最大の衛星だ．惑星の水星より大きく，その直径は5,264 kmを有し，水星と比べると8%大きいが，質量は45%ほどである．ガニメデはケイ酸塩岩石と水の氷がほぼ半々の組成からなっている．希薄な大気，それも酸素の大気を持つが，地球のような生物由来のものではない．ガニメデ固有の磁場を持つことから金属の核を持つことが知られている唯一の衛星である．ガニメデはおおよそ7日間で木星の周りをほぼ円軌道を描いてまわり，イオ，エウロパと1：2：4の軌道共鳴にある．イオ，エウロパ同様，木星に同じ面を向けて公転する，自転と公転の共鳴現象も起こしている．

ガニメデの表面は主に2つのタイプの地形で構成されている．衛星の約3分の1は，隕石の衝突でできたクレーターが多数存在する暗い領域が占めている．これは40億年以上前の古い地形でもある．残りの3分の2は幅の広い溝や尾根を横切る明るい，やや若いとされる領域が覆っている．ガニメデの表面のアルベド（反射能）はおよそ43%である．白い新しい氷で覆われたエウロパに比べ，反射率が低い．水氷は表面に普遍的に存在し，表面における水氷の質量比は50～90%を占めると推定され，全質量に対する氷の割合とされる46～50%よりもはるかに多い．明るい領域に見られる分断された地形の原因は完全にはわかっていないが，エウロパ同様おそらく潮汐による地殻活動の可能性がある．

ただし，ガニメデはイオ，エウロパより木星から離れているため，木星の強力な引力による潮汐作用が比較的弱く，衛星内部に起こる摩擦熱による地表への影響は少ない．とはいえ部分的な影響は見られる．

ガニメデは月と同様40億年前に，大量の隕石によるいわゆる後期重爆撃期を経験している可能性がある．これが事実であれば，衝突クレーターの大部分はその時期に形成され，それ以降はクレーター形成率がずっと小さかったと考えられる．クレーターは暗い地形の地域に特に多い．暗い地形の衝突クレーター密度は飽和しており，クレーターは溝の上に存在しているものもあれば溝によって区切られているものもあるため，いくつかの溝は非常に古い地形であることが示唆される．放出物の光条を持った比較

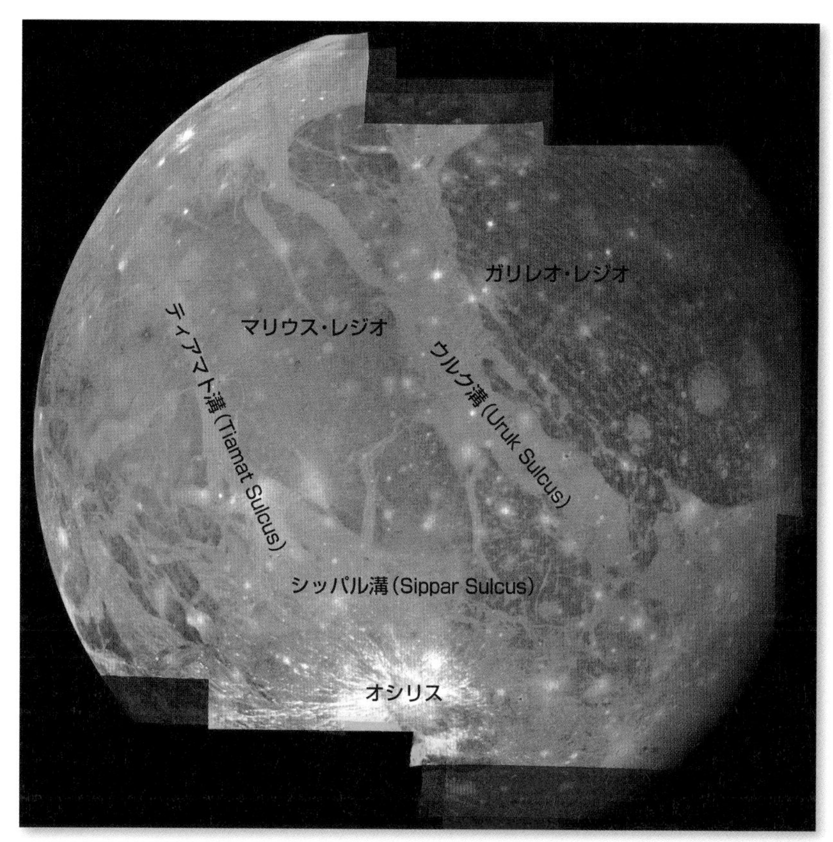

図 4-15　ガニメデの地形.

木星と反対側を向いているガニメデの半球は，多種多様な地形を表している．30 万 km の距離から撮影されたボイジャー 2 号のモザイク写真からいくつもの地溝帯が見られる．ガリレオ・レジオと呼ぶ地質年代の古い暗い地域が右上に見える．

的明るいクレーターも見られる．

ガニメデのクレーターは，月や水星に見られるものよりも浅い形状をしている．これはガニメデの氷地殻は比較的脆弱な性質を持っており，氷を含む物質が流動して起伏を慣らしている（あるいは慣らしていた）からだと考えられる．太古のクレーターは，その後の隕石衝突で起伏が消滅しクレーターの痕跡しか残っていない．

ガニメデの特徴的な領域の一つに，ガリレオ地域（Galileo Regio）と名付けられた暗い平原がある．この地域は同心円状の溝やしわ状の模様を含んでおり，地質活動が活発な時期に形成されたものだと考えられている．

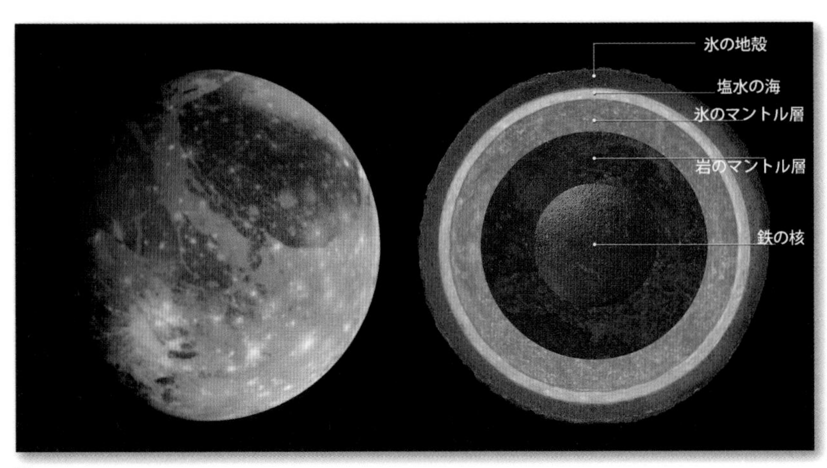

図 4-16　氷の衛星ガニメデの内部構造は，５つの層で構成されている．
ガニメデの表面には水氷が豊富であり，探査機ボイジャーとガリレオの画像は，過去の表面の地質学的および構造的破壊の証拠である特徴を示している．ガリレオ探査機によるガニメデの重力場の測定により，内部が分化した構造が確認された．さらにマントルの中心に高密度の主に鉄の金属核が存在することを強く示唆している．この金属核は一部溶けていて，ガリレオ探査機によって発見されたガニメデの磁場の源である可能性がある．
©NASA/JPL（左）©NASA/ESA/A Field（右）に加筆

図 4-17　ガリレオ・レジオ地域の画像.

地殻変動によってバラバラにされた古代の暗い地殻の領域であり，現在は内部から湧き上がってきた明るい物質に囲まれている.

©USGS etc. → p.187

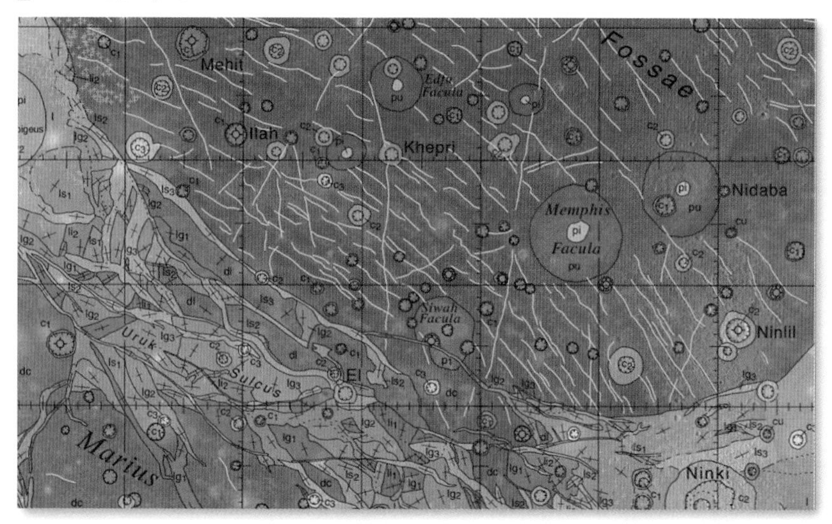

図 4-18　ガリレオ・レジオ地域の地質図.

たくさんのスジが同心円状に並んでいるのが見られる．緑色の帯状に見える地形はウルク溝と呼ばれる地溝帯.

©USGS etc. → p.187

カリスト

カリストは直径4,818 km，木星の衛星の中で2番目に，太陽系では3番目に大きく，水星とほぼ同じサイズだが，質量は33%ほどである．カリストは，木星から188万kmの平均距離で，16.7日の周期で周回している．ガリレオ衛星の中で一番外側に位置している．イオ，エウロパ，ガニメデの公転周期は，平均運動共鳴の状態にあるが，カリストは共鳴からはずれている．

ただし，他の衛星と同様に公転と自転が木星に同じ面を向けて公転する，自転と公転の共鳴現象を起こしている．

カリストの表面は完全にクレーターで覆われていて，表面は月と火星の高地のように非常に古い．カリストは太陽系で最も古く，最もクレーターに覆われた表面を持っている天体だ．それはカリストは誕生以来45億年の間，表面に地質学的活動はほとんどなく，ガニメデや地球の月と同様40億年前にいわゆる隕石の後期重爆撃期を経験している可能性がある．この時期に隕石衝突によるクレーターが形成されて以来，一時的な影響以外は，ほとんど変化はしていないからだ．

カリストを構成している物質は，氷が約40%，岩石が60%の割合である．カリストにはイオのような大きな山や山脈，エウロパ，ガニメデで見られるような地溝帯はない．これは他の衛星より木星から離れているためにその引力が及ぼす潮汐力が弱く，核やマントルに分化した内部構造を持つ衛星とは異なり，カリストは内部構造がほとんど分化していないと考えられてきた．しかし，探査機ガリレオのデータによると，内部は部分的に分化しており，中心部に向かって岩石の割合が増加しているようである．

カリストの表面のアルベドは約20%と，他のガリレオ衛星に比べてかなり暗い．これはカリストを構成している氷と岩石の混合物が，破砕された堆積物や岩石物質で作られた広く暗い領域で見られ，全体に古い表層が露出している．その中で白く明るく見える斑点は，比較的新しい衝突クレーターと内部の氷が見えているのだろう．

巨大なクレーターとそれに付随する同心円は，カリストに見られる唯一の特徴で，カリストには2つの巨大な同心円状のマルチリング，インパ

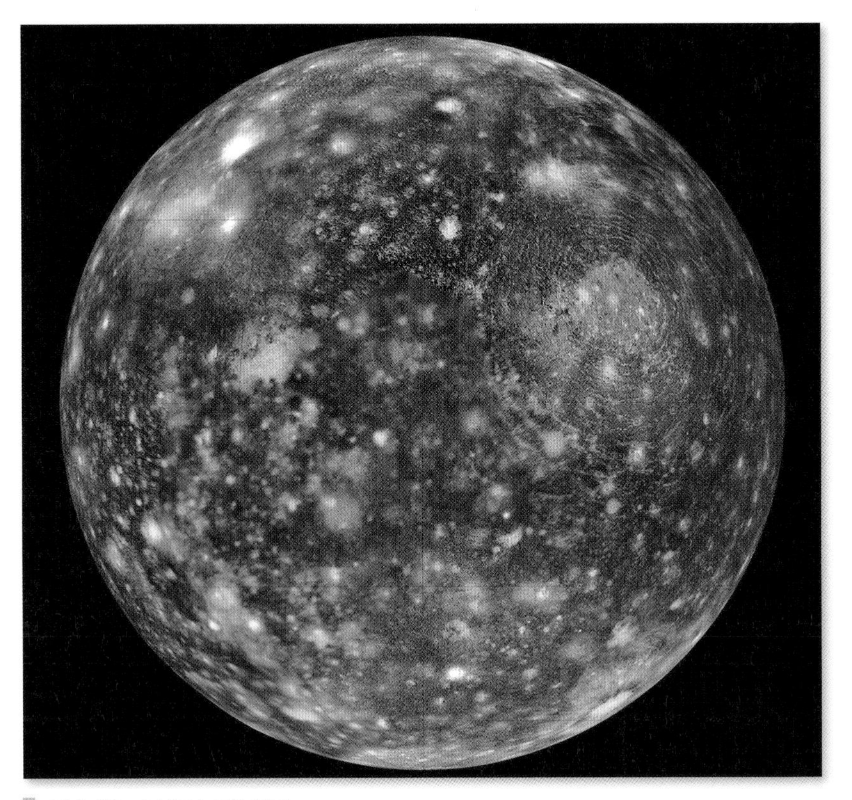

図 4-19　カリストの地表面.

ガリレオ衛星の中で最も外側を公転している．直径は水星とほぼ同じ大きさである．カリストの表面は無数のクレーターに覆われている．最近，活動したような痕跡は見られず始原的な状態を保っている．木星から遠いカリストは，木星の潮汐力の影響を受けず活動を停止した．

©NASA /JPL/DLR（German Aerospace Center）

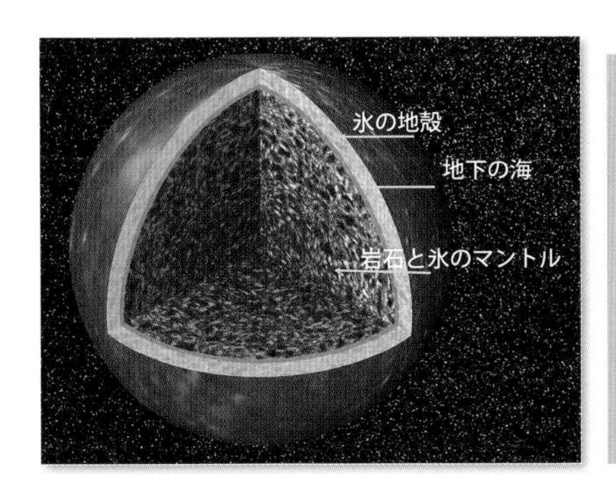

図 4-20　カリストの地質構造.

カリストの表面は，厚さ 80 ～ 150 km の氷の地殻の上にある．地殻の下には深さ 150 ～ 200 km の塩分の多い海が存在する可能性がある．カリストの内部は圧縮された岩石と氷でできており，成分の部分的な沈降のため，深くなるに従って岩石の割合が多くなるという未分化の内部構造を持つと考えられている．

©NASA/JPL に加筆

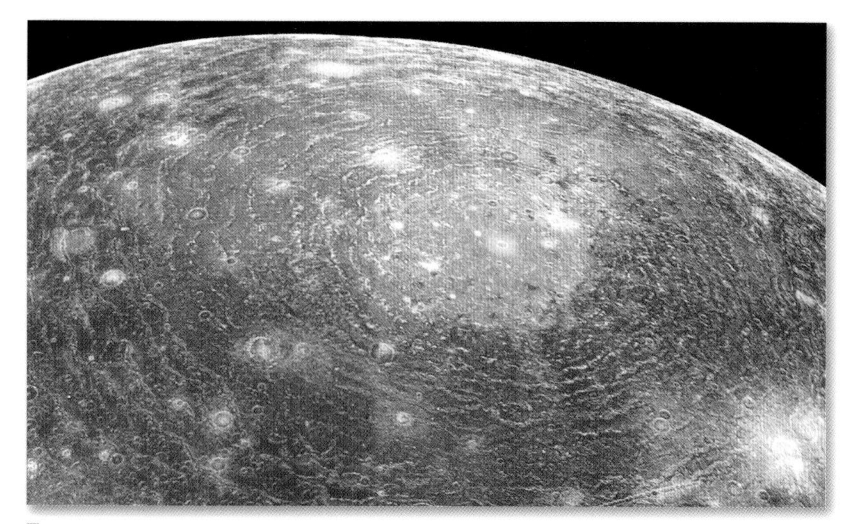

図 4-21　ワルハラ・クレーター.

マルチリング構造のワルハラの直径は 3,000 km．これは太陽系で最も大きなインパクト・ベイスン（衝撃盆地）の一つである.

©NASA/JPL

図 4-22
アスガルド・クレーター.

ワルハラに次ぐ直径 1,600 km の同心円状のリングで囲まれた衝撃構造である.

©NASA/JPL/University of Arizona

クト・ベイスン（衝撃盆地）がある．

カリスト最大の衝撃盆地はワルハラ・クレーターと名付けられた地域である．それは直径600 kmの明るい中央領域を持ち，そのリングは直径3,000 kmまで伸びている．2つ目の衝撃盆地はアスガルド・クレーターで，リングの直径は約1,600 kmである．

3つの氷衛星の地表面構造

図4–23の画像は，3つの氷に覆われたエウロパ，ガニメデ，およびカリストの表面の比較している．1ピクセルあたり150 mの解像度に調整されている．カリストは，衝突クレーターに覆われているが，アスガルド・クレーターのマルチリング盆地で見られるように，誕生時のまま始原的な起源の暗い物質層で覆われている．この層は小さなクレーターを侵食または覆い隠しているように見える．ガニメデの地形も衝撃によって広く形成されるが，カリストとは異なり，ガリレオ・レジオのような多くの構造変形が観察される．エウロパの表面はクレーターがまばらであり，地質活動が最近行われたことを示している．全球に隆起した平野といわゆる「線状の溝地形」が主な地形だ．比べてみると，3つの氷惑星の表面は木星から離れるにしたがって始原的な地形が残っているのがわかる．

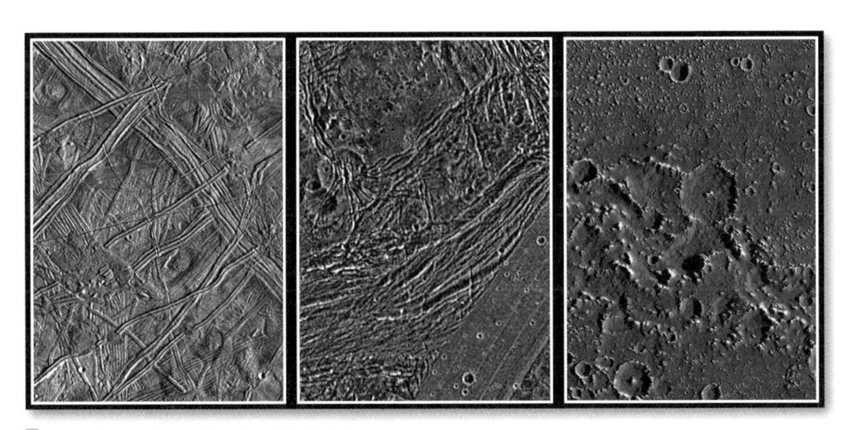

図4-23　木星の氷衛星の特徴的な地表面.
左からエウロパ，ガニメデ，およびカリスト.

4-3 木星のその他の衛星たち

1610 年に発見されてから約 3 世紀の間，木星の月は 4 つのガリレオ衛星のみだった．1892 年にアメリカの天文学者 E. E. バーナードがリック天文台でガリレオ衛星の内側，木星に非常に接近して周回する小さな衛星を発見し，1975 年になってアマルテアと名付けられた．その後 1904 ～ 1974 年の間に 8 つの衛星がガリレオ衛星の軌道のはるか外側に発見された．それらは直径 50 km 以下の小型の衛星だった．

1979 年には探査機「ボイジャー」による，ガリレオ衛星の内側をまわる 3 つの衛星発見があった．

1999 年以降は地上の望遠鏡による組織的なサーベイが行われ，1999 年 10 月～ 2003 年 2 月の間に 34 個の衛星を発見した．発見された衛星の多くは細長い楕円軌道だったり，木星の周りを逆行していたりする．木星から最も遠い衛星は，木星から 3,000 万 km，約 3 年かけてまわる軌道を描いている．これらは直径が平均 3 km，最大の物でも 9 km 足らずで，木星に捕獲された小惑星や彗星など太陽系小天体とされる．

その後，2018 年 7 月までに 25 個の衛星が発見され，総計 79 個となった．これからも小型衛星が発見され続けることが予想される．

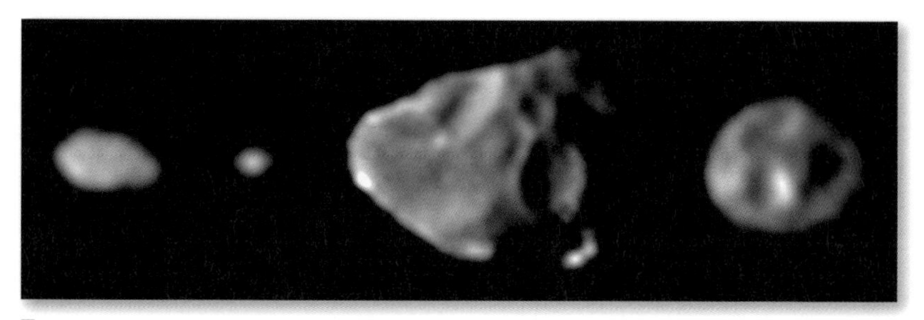

図 4-24 木星に最も近い 4 つの衛星たち．

左からメティス，アドラステア，アマルテア，テーベ．地上からの観測によって発見されたのは最も大きいアマルテアのみであり，その他の 3 つはボイジャー 1 号が木星をスイングバイした際に撮影された写真の中から発見された．メティスは 60×40×34 km，アドラステアは 20×16×14 km，アマルテアは 250×146×128 km，テーベは 116×98×84 km と，いびつな形状をしている．

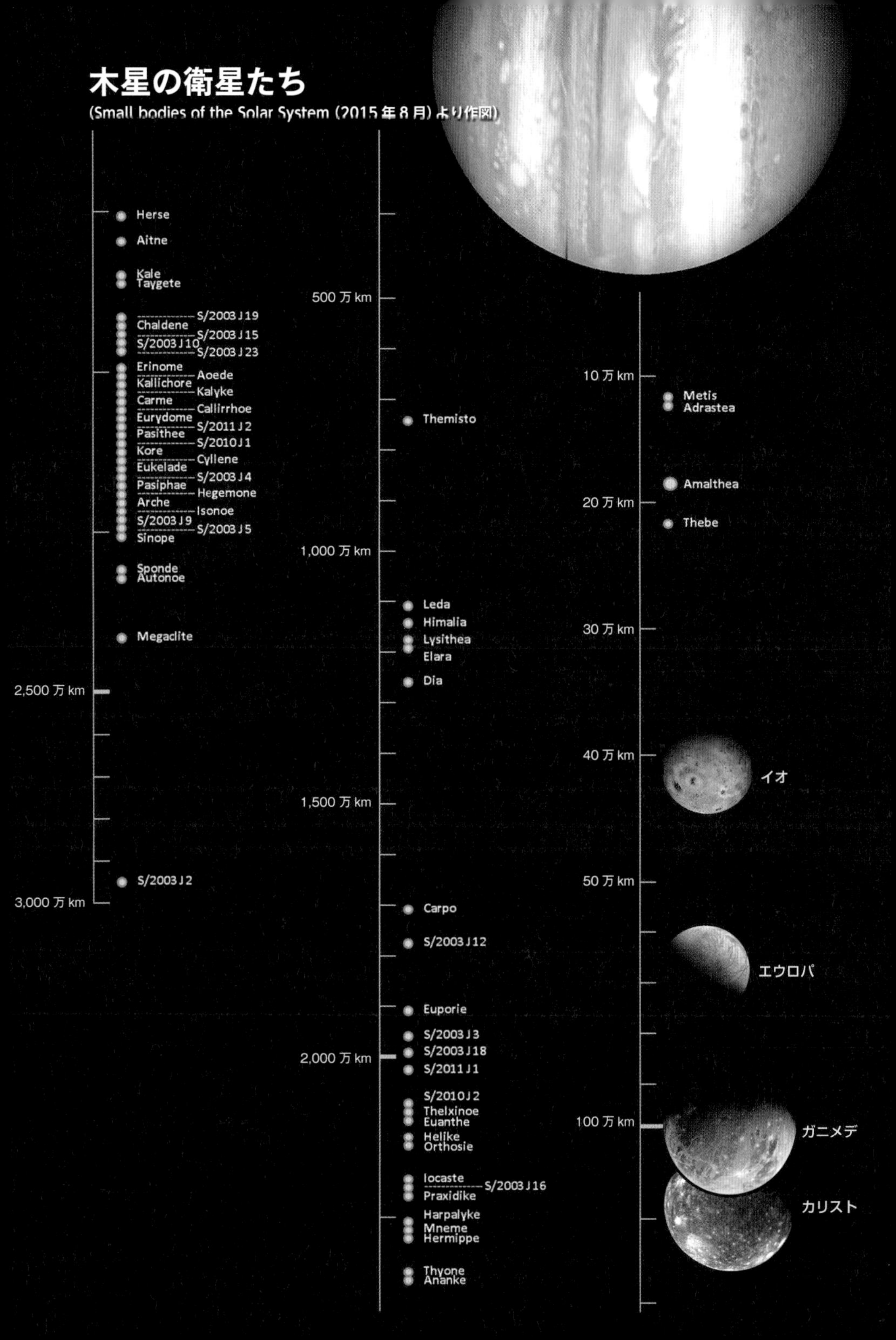

木星の衛星たち
(Small bodies of the Solar System (2015年8月) より作図)
Herse
Aitne
Kale
Taygete
S/2003 J 19
Chaldene
S/2003 J 15
S/2003 J 10
S/2003 J 23
Erinome
Aoede
Kallichore
Kalyke
Carme
Callirrhoe
Eurydome
S/2011 J 2
Pasithee
S/2010 J 1
Kore
Cyllene
Eukelade
S/2003 J 4
Pasiphae
Hegemone
Arche
Isonoe
S/2003 J 9
S/2003 J 5
Sinope
Sponde
Autonoe
Megaclite
2,500 万 km
S/2003 J 2
3,000 万 km
500 万 km
Themisto
1,000 万 km
Leda
Himalia
Lysithea
Elara
Dia
1,500 万 km
Carpo
S/2003 J 12
Euporie
S/2003 J 3
S/2003 J 18
2,000 万 km
S/2011 J 1
S/2010 J 2
Thelxinoe
Euanthe
Helike
Orthosie
Iocaste
S/2003 J 16
Praxidike
Harpalyke
Mneme
Hermippe
Thyone
Ananke
10 万 km
Metis
Adrastea
Amalthea
20 万 km
Thebe
30 万 km
40 万 km
イオ
50 万 km
エウロパ
100 万 km
ガニメデ
カリスト

4-4 土星の衛星

土星の衛星は多数かつ多様である．確認された軌道を持つ衛星が82個，そのうち53個は名前を持ち，そのうち13個だけが50 kmより大きい直径を持っている．

土星の衛星は木星と異なり，ガリレオ衛星のような直径が3,000～5,000 kmといった巨大衛星が並ぶ姿はない．ただ一つ最大の衛星のタイタンが，直径5,000 kmあり，ガリレオ衛星に匹敵する大きさで，土星の衛星すべての質量の96%を占めている．他は直径1,500 km以下，タイタンの3分の1以下のサイズであり，密度の低い衛星である．この中で，ある程度の大きさを持ち自己の重力で球形あるいは球に近い形の衛星は7つある．

そのうち，土星に近い5つの衛星，ミマス，エンケラドス，テティス，ディオネ，レアの表面に類似性が見られる．そのサイズは最も小さいミマスが直径400 km，エンケラドスが500 km，テティスとディオネが1,100 km，最も大きなレアが1,500 kmあり，土星から離れるにしたがって順次大きくなっている．これらの衛星たちはすべて土星に対し公転と自転が同期しており，常に同じ面を土星に向けている．図4-25のそれぞれの衛星たちの表面の展開図を見てみよう．経度が0（土星側）～180度（反土星側）にかけての領域は，衛星が土星をまわる際に常に進行方向を向く「先行半球」と，経度が180～360度は「後行半球」となっている．

5つの衛星の展開図で見て取れることは，全体的にクレーターに覆われた表面を持つこと，エンケラドスを除く4つの衛星は先行半球が白く明るいのに対し，後行半球は暗いか濃い色合いに見える．この姿には，土星や衛星たちの成因と進化の過程で起こった出来事が記録されているといえるだろう．

ここではこれらの衛星たちと，タイタン，イアペタスの7つの衛星について，土星に近い順に取り上げる．

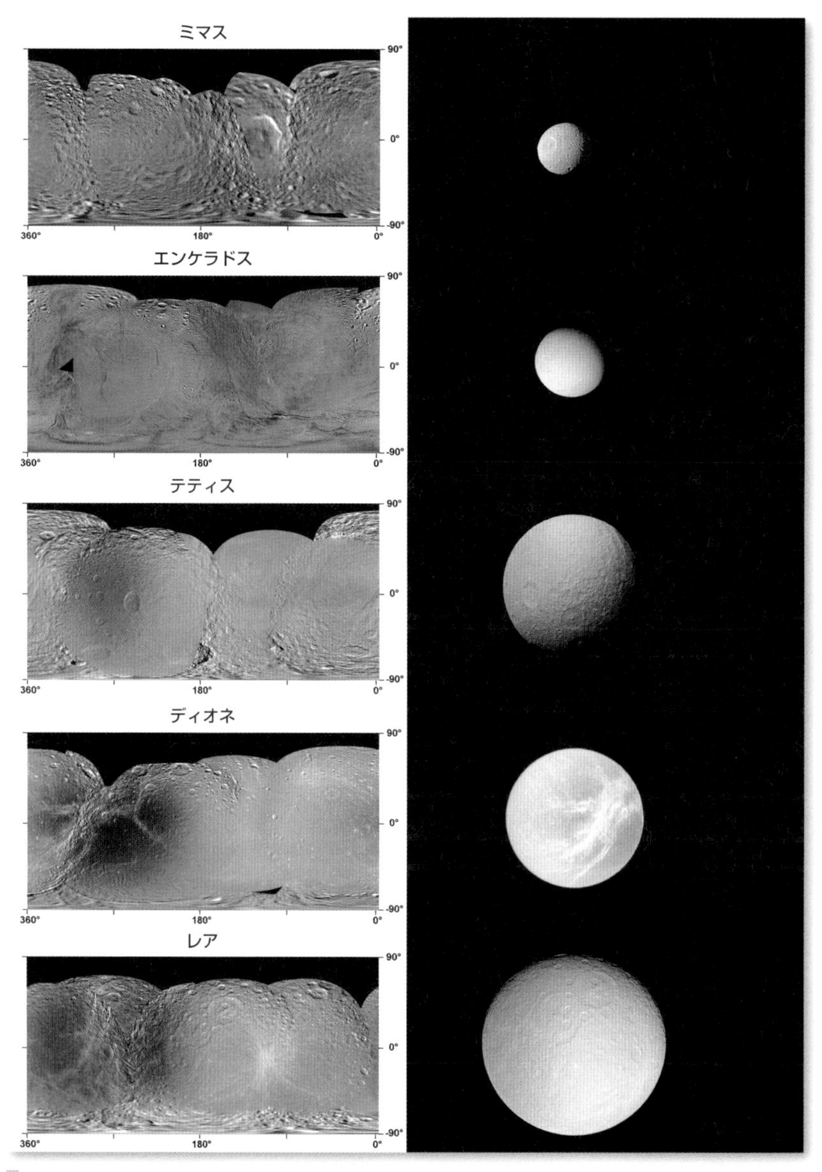

図 4-25　5 つの衛星の展開図.

©NASA/JPL/SSI/LPI

ミマス

最も内側にある大きな衛星ミマスは，1789 年にウィリアム・ハーシェルによって発見され，土星から 18 万 5,500 km 離れた軌道を 0.94 日でまわる．ミマスは土星に最も近い軌道をまわり，公転と自転が同期しているため，常に同じ面を土星に向けている．土星の引力により完全な球形からはゆがんだ，415×394×381 km の楕円体であり，平均的な直径は 396 km である．

ミマスの最大の特徴は，ミマスの直径の 4 分の 1 以上を覆う直径 130 km の衝突クレーターがあることだ．太陽系の他のどんな天体でもそのような不釣り合いに大きなクレーターは見られない．地球上に同等の規模のクレーターがあるとしたら，直径はオーストラリア大陸より大きく 4,000 km を超えるほどだ．実際，これ以上の衝撃があると，ミマスは 2 つ以上の断片に粉砕された可能性があると考えられている．衝突時にミマスの中心を通って伝わった衝撃波によって引き起こされた割れ目を，クレーターの反対側で見ることができる．

ミマスの巨大クレーターは，発見者ウィリアム・ハーシェルにちなみ，ハーシェル・クレーターと名付けられた．隆起した縁と中央のピークを持つ典型的な構造を持っている．さらに直径 15 〜 45 km の小さなクレーターが，表面全体に点在しているのが見られる．ミマスの密度は 1.17 g/㎤と低く，表面は非常に反射能が高い（アルベドは 0.962）小型で低密度の土星衛星の一つで，主に氷で構成されている氷衛星である．

ミマスは最も土星に近い衛星であるため，土星の周りを取り巻くリングを作る物質との間で共鳴関係を持っている．土星の 2 つの最も広いリング，A リングと B リングの間の「カッシーニの空隙」と呼ばれるすき間は，ミマスによって形成されている．すき間の中の粒子はミマスと 2：1 の軌道共鳴関係になるため，それらはミマスが 1 回軌道をまわるのに対して 2 回軌道をまわる．ミマスが粒子を繰り返し空間内で同じ方向に引っ張るため，それらはいずれすき間の外側にはじきだされてしまう．

図 4-26　ミマスと大きなハーシェル・クレーター.
ミマスは半径 18 万 5,500 km のほぼ円軌道を約 0.94 日かけて 1 周する．土星の主な衛星の中では最も土星の近くにある．
©NASA/JPL-Caltech/Space Science Institute

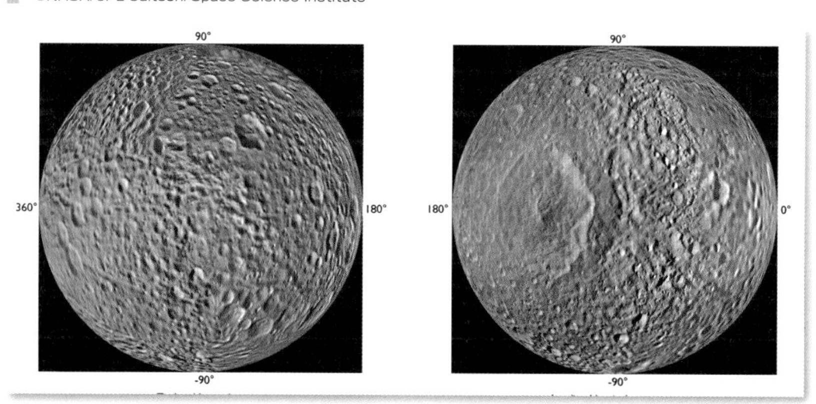

図 4-27　ミマスの先行半球（右）と後行半球（左）.
ミマスは土星をまわる際，公転と自転の周期が同期しているため，進行方向に対し常に図の右側の半球が正面を向いている．この先行半球と後行半球で明確な違いが見られる．右の半球では，青みがかった特徴が赤道帯に見られるが，探査機「カッシーニ」による，紫外線観測で赤道地域が周囲の地形よりも明るく見えることを発見した．　©NASA etc. → p.187

エンケラドス

1789年，ウィリアム・ハーシェルによって発見された．直径は504 km，土星からの距離は約24万km．表面の反射率が非常に高く，入射する太陽光の90％を反射し太陽系で最も白い天体といえる．そのため日射による表面の温度上昇は限られており，エンケラドスの正午の表面温度は－198℃に達するだけである．

表面が白いのは，常に表面は新しい氷あるいは雪の層に覆われているのだろう．土星探査機「カッシーニ」によって，エンケラドスの南極付近から間欠泉のように氷が噴き出している様子が発見された．その表面で活発な地質活動をしている証拠と思われる，青く見えるひび割れが見つかり，タイガー・ストライプ（虎縞）と名付けられた．そのひび割れは長さ数百km，幅5 kmもの巨大な裂け目であり，エンケラドスの表面は，このひび割れから噴出する新しい氷によって絶えず塗り替えられていくと考えられている．この氷火山によって，常に表面に新しい氷が供給されているが，それ以外に，噴出物の中にはかなり複雑な有機物も発見された．また，この噴出物によって作られたと考えられている，微量の大気も発見された．間欠泉を噴き出させている熱源は不明だが，エンケラドス内部における放射性物質の崩壊熱や，木星のイオ同様，土星の潮汐力によるものだと考えられている．

エンケラドスには長い褶曲した地形として，高さ1～2 kmの波状の山の尾根が数多く見られるが，他にも横方向の断層運動を示す構造が見られる．また，いくつかの地形は亀裂に沿って氷のような非常に滑らかになっている地形が見られる．エンケラドスの表面の状態から，この小さな氷衛星は地質学的に活発であり，おそらくその内部は部分的に液体の海があるのだろう．その理由として次のように考えられている．

1981年8月に行った惑星探査機「ボイジャー2号」の観測による質量の推定からは，エンケラドスはほとんどが水氷でできた天体であると推測された．しかしカッシーニに働くエンケラドスの重力を基に推定された質量は，それまでに考えられていたよりもずっと大きいことが判明し，平均密度は1.61 g/㎤と推定された．この密度は，土星のその他の中型サイ

図 4-28　エンケラドスの土星と反対側（土星から見て裏側）半球のフルディスクビュー.
エンケラドスは古くて重く荒らされた地域から，若い構造的に変形した地形まで広い範囲で特徴的な地形が見られる．中央やや左下の縦に走る青い，ラブタイート溝が北半球の北部まで伸びている．また，北半球の南部地域には砕けたしわの多い地形が広がっている．活動的な南極地域には波状のタイガー・ストライプと呼ばれる，地溝が４本ほど南極をまたいで平行に並んでいる．エンケラドスの表面に見られるクレーターは，土星から見て正面に当たる地域と，裏面に当たる地域に多くが分布している．
©NASA/JPL/Space Science Institute

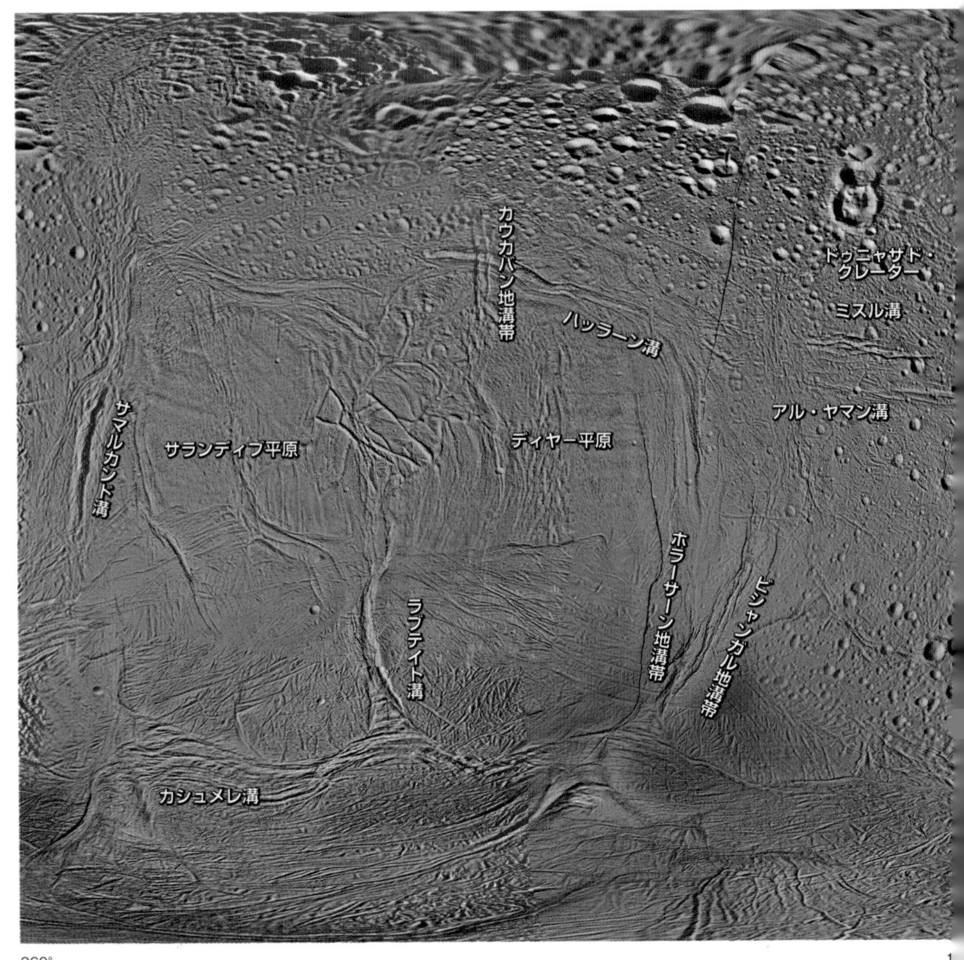

図 4-29　エンケラドスの展開図.

右ページ：0 ～ 180 度が土星の周りをまわる際に進行方向の前面を向く先行半球.
左ページ：180 ～ 360 度が後行半球である．先行半球は大きな地質構造は見られない.
エンケラドスの表面には，探査機「カッシーニ」が撮影した画像から識別できるクレーターがほとんどない地域を含む，エンケラドス形成時から現在までのクレーター年代が示されている.
これらの観察から，エンケラドスが 46 億年前からの複数の変動の歴史を経たことを示している.
後行半球に見られる断層や地溝帯，褶曲のような表面が更新するメカニズムは，地殻の構造運動によって支配されているように見える．現在のところ，氷火山の流れまたは間欠泉のいずれかで表面に液体が放出されたという明確な証拠は見つかっていない.

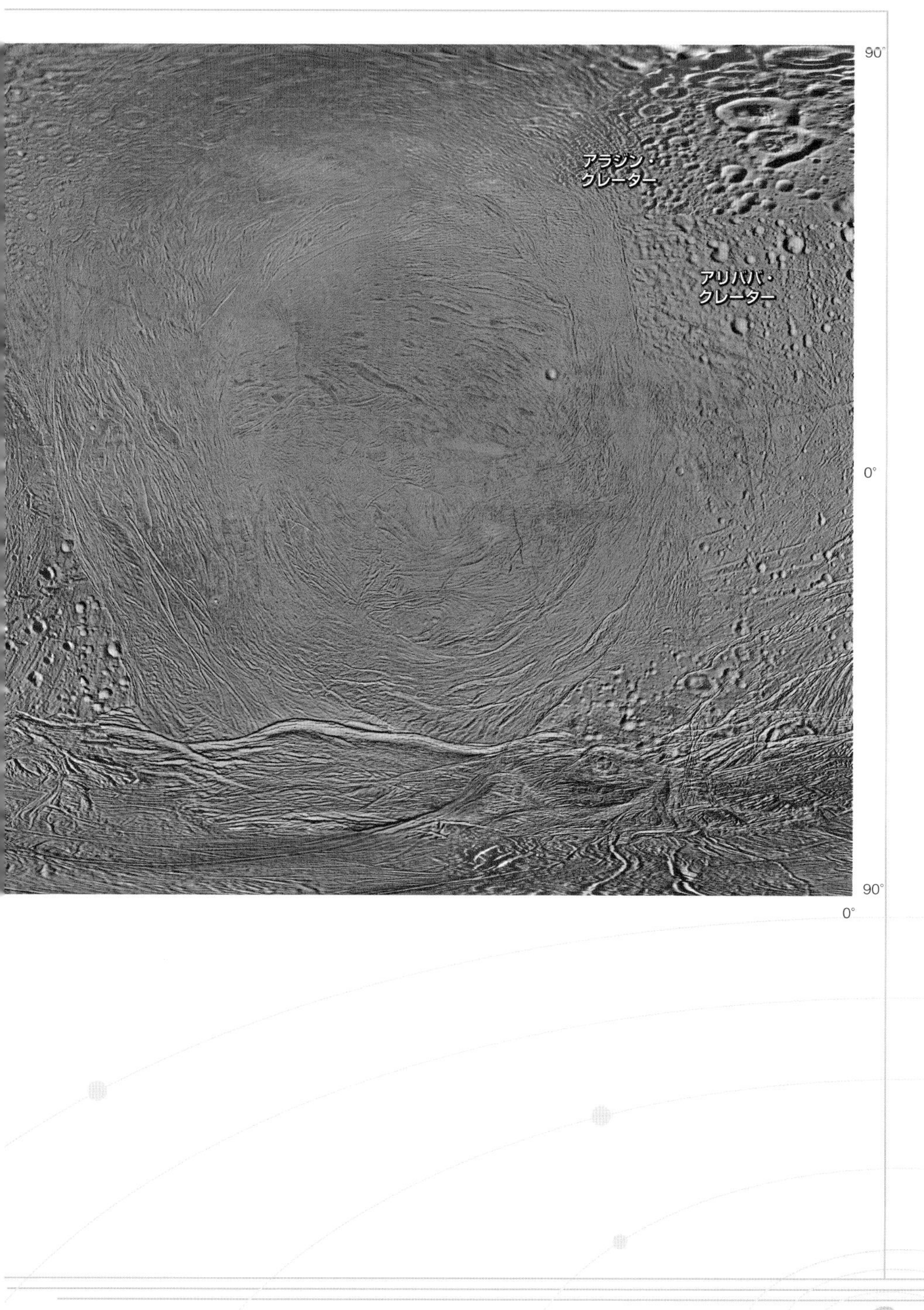
90°
アラジン・
クレーター
アリババ・
クレーター
0°
90°
0°

ズの氷衛星よりも高く，エンケラドスはそれらよりも多い割合の岩石と鉄を含んでいることが示唆される．そのため，岩石に含まれる放射性物質の崩壊熱，さらに土星とエンケラドスの外側をまわる衛星テティスとの共鳴関係による潮汐摩擦により，エンケラドスは氷の地殻の下に液体の塩水の海を持つと考えられる．カッシーニ探査機は，2015 年 10 月 28 日にエンケラドスから噴出したガスと氷のような物質のプルーム中の水素を検出した．これらの観察結果から，科学者達はプルーム中のガスのほぼ 98%が水蒸気であり，約 1%が水素，残りが二酸化炭素，メタンおよびアンモニアを含む他の分子の混合物である，とした．

エンケラドスの南極地域の地下に存在する海から飛び出す氷のような粒子のジェットは，絶えず宇宙に飛び出している．その速度は毎秒 400 m で飛び出し，宇宙へと何百 km も延びるプルームを形成する．一部の材料はエンケラドスに降り注ぎ，一部は土星の周囲に幅広い E リングを形成する．E リングは主に氷の小滴でできているが，それらの中にはカッシーニによって水とシリカが結びついたナノメートルサイズの粒子が発見された．これは，液体の水と岩石が 90℃を超える温度で相互作用する場合にのみ生成されることから，エンケラドスの氷の地殻の下に熱水孔が存在することを暗示している．地球の海底の熱水噴出孔に似た環境が広範囲に存在するのかもしれない．

図 4-30 （左）カッシーニが撮影したエンケラドスの南極から噴出したガスと氷のような物質のプルーム．**（右）**南極に走る亀裂を強調したもの． ©NASA/JPL-Caltech/SSI/PSI

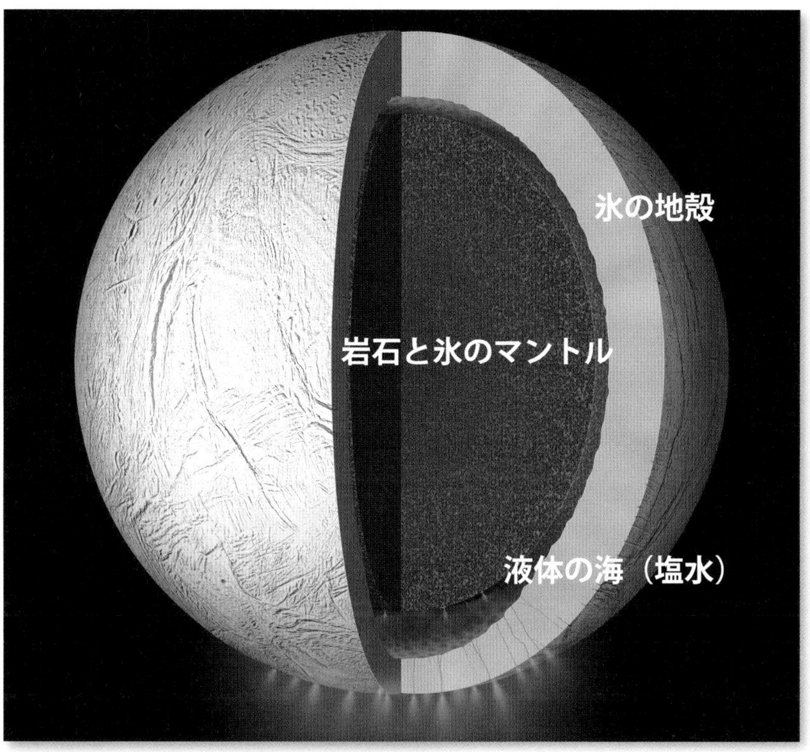

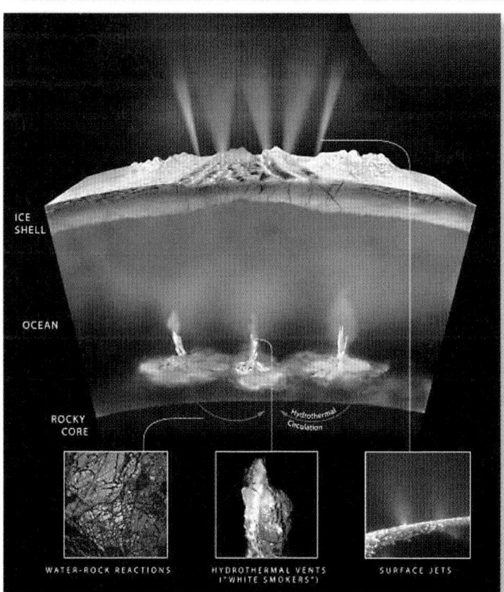

図 4-31 （上）エンケラドスの内部構造(想像図).

地下の海の水が氷の層を通過して表面に噴き出している.

（左） 海底から海水が循環しており，そこで加熱され，岩と化学的に相互作用することを示している．ミネラルと溶存ガス（水素やメタンを含む）を含んだこの温かい水は，海に注がれ，煙突のような通気孔を作る.

水素の発見は，熱水活動がエンケラドス海で起こっているという確実な証拠だ．水素ガスの発見により，科学者はエンケラドスの海に化学独立栄養生物にとっての化学エネルギーが，エンケラドス内部で効率よく提供されていることを意味する.　©NASA etc. → p.187

テティス

1684年3月21日にジョヴァンニ・カッシーニによってディオネと共に発見され，イギリスの天文学者ジョン･ハーシェルによって命名された．

直径はおよそ1,062 km，土星からの距離は294,700 km，1.89日の周期で円軌道を描いている．自転は公転周期と同期しており，土星に同じ面を向けている．

テティスの密度は1.21 g / ㎤であり，ほとんど水氷で構成されていることを示している．テティスの内部構造は岩石コアと氷のマントルに分化されているかどうかはわかっていない．表面の反射率も大変高く，エンケラドスに次ぐ土星の衛星の中で2番目に明るい．

テティス地形の特徴は表面の大部分は，直径40 km以上のクレーター地形で構成されている．残りの部分は，後行半球に見られる滑らかな平野となっている．また，幅約100 km，深さ3 km，長さ2,000 kmを超え，テティスの円周の約4分の3にもなる巨大なイサカ地溝帯などの多くの構造的特徴が見られ，直径が450 kmもあるオデッセウス・クレーターがある．これはミマスにある巨大クレーターに匹敵するサイズだが，その内部は非常に浅い．これはオデッセウス・クレーターがテティスの誕生した直後に形成され，その後長い時間をかけて氷の地殻の粘性により底部が盛り上がって平らになったため，と考えられる．

イサカ地溝帯は，オデッセウス・クレーターよりさらに古いと考えられている．その成因はテティスの誕生後，まだ液体だった内部の水が時間とともに徐々に固化して膨張し，表面に亀裂が入ったためにできたものと考えられている．

図 4-32　テティス.

カッシーニが 2015 年 4 月 11 日に撮影したもの．土星から見て裏側を見たもの．直径 450 km のオデッセウス・クレーターは，右上のふち際にある．中央左手にあるのはペネロペ・クレーター．

©NASA/JPL-Caltech/Space Science Institute

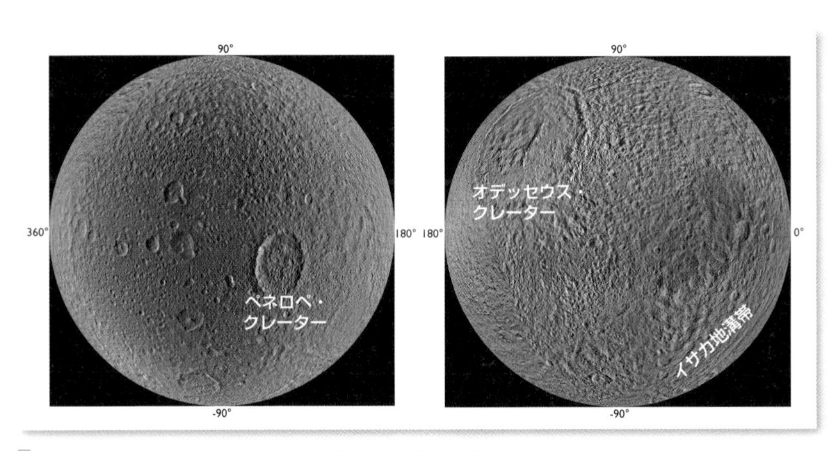

図 4-33　テティスの先行半球（右）と後行半球（左）.

2 つの半球には色と明るさの違いが見られる．後行半球の暗い色は，磁気圏粒子と表面に当たる放射線により変化したものと考えられている．明るい色の先行半球は，エンケラドスの南極から放出された小さな粒子から形成された土星の E リングからの氷のチリで覆われている．赤道に沿った薄青みがかったバンドが見られる．

©NASA/JPL-Caltech/Space Science Institute/Lunar and Planetary Institute

ディオネ

土星の第4衛星である．1684年3月21日にジョヴァンニ・カッシーニによってテティスと共に発見された．命名は1847年にジョン・ハーシェルによる．

土星から37万7,396 kmの距離の軌道を2.737日で1周している．地球の月とほぼ同じ距離だが，月の公転速度よりも10倍以上速い．自転は公転周期と同期している．

大きさは直径1,122 km，土星の衛星では4番目に大きく，密度は1.48 g /cm³とやや重い．このことからディオネの質量の3分の2は水氷で構成され，残りはケイ酸塩岩のコアで構成されている．

カッシーニによって収集されたデータから，ディオネが内部に海を持っていることを示している．エンケラドスのそれに似た状況とされる．厚さ65±30 kmの内部海の上に99±23 kmの厚さの氷地殻があると考えられている．

ディオネの地表はいくつかの地質学的特徴が見られる．北半球に存在する長さ約800 kmの隆起地形，ジャニコロ尾根を調べた結果，氷の湾曲の度合いから，その場所が過去に高温になっていたことが推定された．

ディオネにはクレーターが多い地域，少ない平野，そして構造破壊が見られる領域が含まれる．クレーターは他の衛星と同様に最も一般的な特徴であり，クレーターが多い地形，中程度の平野，少ない平野という視点で区別できる．クレーターの多い地域には直径が100 kmを超えるものが多数あるが，平野部には直径が30 km未満のものが多い傾向がある．

全体に暗い地表を持つ後行半球に見られる，薄い白い縞状の帯は明るい氷の崖(高さ数百m)で構造破壊に起因すると考えられている．クレーターの多い地域は後行半球にあり，先行半球にはクレーターの少ない平野が広がる．これはクレーターが存在する他の衛星たちとは反対であり，隕石の後期重爆撃期期間中，ディオネは今とは公転方向に対し前後が反対の向きであったことを示唆している．

図 4-34　ディオネ.

右端の後行半球の中緯度から衛星の南極地域まで巨大なパラティネ谷が伸びている. この画像のディオネは, 土星に面した側を向いており, 南緯 22 度, 西経 359 度を中心としている. 北が上, 南極が下部に見えている.

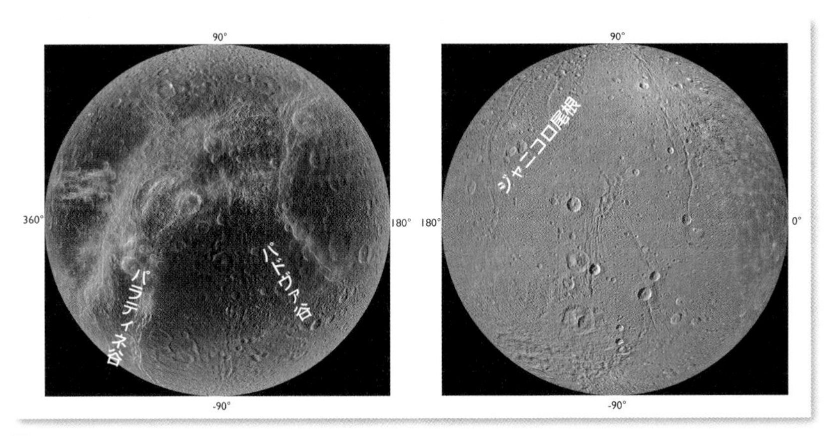

図 4-35　ディオネの先行半球（右）と後行半球.

先行半球は全体に明るく, 後行半球は暗いが, これは土星の E リングからの氷のチリが常に堆積し, 明るさを保ち続けているためである. 土星の E リング自体は, エンケラドスから放出された氷の粒子が堆積している. 後行半球は表面の氷に含まれる有機元素が土星の磁気圏からの放射と相互作用し, その結果, 複雑な有機分子, ソリンを形成する. 蓄積が進むと外観が赤味がかった茶色になり, 強く着色される. ソリンは単純な有機分子に紫外線が作用して形成される, 大きくて複雑な有機分子の総称. 生命の化学的前駆物質の一つと考えられている.

レア

土星の第5衛星である．1672年12月23日にジョヴァンニ・カッシーニによって発見された．命名は1847年ジョン・ハーシェルによる．

土星から52万7,108 kmの距離の軌道を4.518日で円軌道を描いて1周している．レアも自転と公転の周期が同期している．大きさは直径1,528 km，土星の衛星では4番目に大きく，密度は1.233 g /cm³である．これは氷のような物体で，水氷が4分の3とケイ酸塩岩が4分の1であることを意味する．カッシーニ探査機の観測からレアの中心部にはケイ酸塩岩の核はなく，衛星全体が氷と岩が混ざった，凍った汚れた雪玉に似ていると考えられている．レアの表面の特徴はディオネと類似している．どちらも公転の先行半球と後行半球で異なる特徴を示しており，両方ともに似た組成で似た経緯を辿ってきたことを示唆している．

レアには衛星全体に数十〜数百km走る細い線状の溝が刻まれている．カッシーニ探査機は，これらの溝が表面の割れ目であり，そのいくつかが高さ数百mに達することを明らかにした．レアの表面は非常に多くのクレーターに覆われており，40億年以上の時間が経過している．しかし，テティスやディオネに比べ，クレーターの床が平坦化せずに残っているところから，内部からの熱による軟化がないと考えられる．これはレアの軌道がテティスやディオネに比べ，土星から遠い分，潮汐力が弱くレアの内部にたまる摩擦による熱が少ないことによるのだろう．

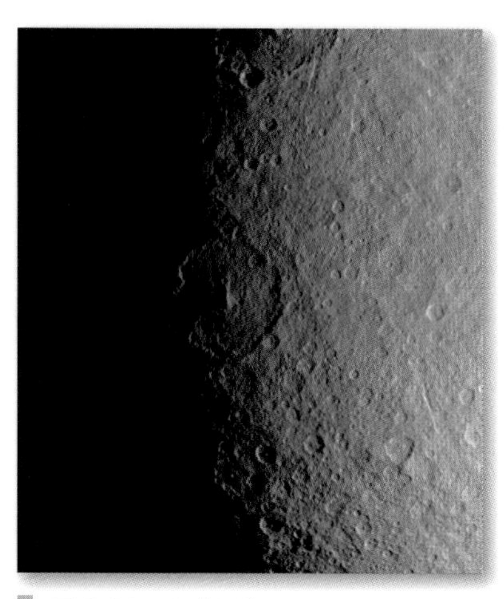

図4-36　イザナギ・クレーター．

レアのクレーターや谷などに付けられた地名は神話の聖地などが採用されているが，その中に日本の神話の神の名をとったクレーターなども見られる．イザナギと呼ばれる中央の大きな衝突クレーターは，レアの多数ある大きな衝撃盆地の一つだ．

図 4-37

直径 350 km という巨大な衝撃盆地ティラワは，中央の右上に見られる．ティラワの左下にある直径 500 km のさらに大きな盆地ママルディは，衝突クレーターで覆われており，かなり古いことを示している．直径約 40 km の明るい光条を持つインクトミと呼ばれる，比較的若いクレーターも存在する．

©NASA/JPL/Space Science Institute

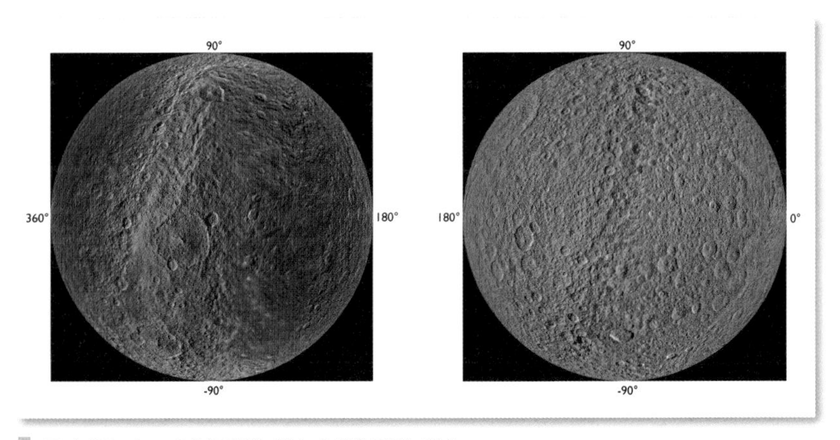

図 4-38　レアの先行半球（右）と後行半球（左）．

先行半球はクレーターが多く明るい表面を持つ一方，後行半球には，暗い表面の上に明るい帯が網目状に走っている地形が発見されている．これらの明るい筋状の構造は，破砕した氷の崖であることがわかっている．表面が暗くなっている領域は，複雑な有機化合物の混合物であるソリンが堆積していると考えられる．

©NASA/JPL-Caltech/Space Science Institute/Lunar and Planetary Institute

タイタン

1655 年 3 月 25 日，天文学者クリスティアン・ホイヘンスによって，土星を公転する衛星として初めて発見された．土星の最大の衛星である．木星の衛星であるガニメデに次いで，太陽系では 2 番目に大きな衛星で，よく「惑星のような衛星」と表現される．

直径 5,150 km，地球の月の 1.48 倍，質量は 1.8 倍である．タイタンの密度は月の 3.34 g/㎤に対し 1.88 g/㎤である．表面の温度は 93.7 K (−179.5℃)，タイタンの直径と密度は，木星の衛星ガニメデとカリストのそれに似ている．その組成は半分が氷で半分が岩石だ．組成はディオネとエンケラドスに似ているが，重力圧縮のため密度は高くなっている．

タイタンは土星から 122 万 2,000 km 離れた軌道を，15.9454 日，15 日と 22 時間で公転している．土星の衛星系では土星との潮汐相互作用により多くの衛星の自転と公転の周期が一致しているが，タイタンも自転周期と公転周期は同期しているため，常に同じ面を土星に向けている．

タイタンは，太陽系のなかで特別な天体といえる．太陽系にある現在知られている衛星の中で，タイタンは唯一目に見える厚い大気を持つ．さらに，その表面には川，湖，海と呼べる液体が存在している，地球以外で唯一の天体なのだ．ただし，その大気は人間の目で見ることができる可視光の波長に対し，カスミがかかったような状態のため，地表の様子をはっきりととらえることができない．唯一カッシーニに搭載された，着陸機ホイヘンスが降下中に撮影した画像から地表の様子が詳しくわかるようになった．

図 4-39　オレンジ色の大気を持つタイタン．
©NASA/JPL-Caltech/Space Science Institute

タイタンの表面では，約 1.5 気圧の大気圧がある．これは地球よりも約 60%高い気圧だ．タイタンは地球よりも質量が小さく，その重力は地球の約 6

図 4-40　探査機カッシーニが撮影したタイタンの赤外線画像.
タイタンの主に土星に面した半球にある地形が見られる．真ん中に，横方向の文字「H」の形状を形成する，フェンサル（北）とアズトラン（南）という名前の，平行で暗い砂丘地域が見えている．
©NASA/JPL/University of Arizona/University of Idaho

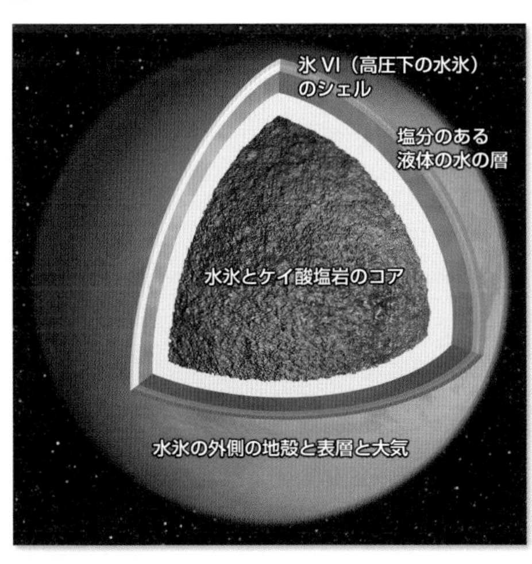

図 4-41　タイタンの内部構造.
タイタンはおそらく，直径 3,400 km の岩石主体のコア（核）と高圧結晶形の氷で構成された層があり，その上にはアンモニアの存在により，176 K（－ 97℃）の低い温度（水との共晶混合物）でも液体の水の層がある．タイタンの地表は液体の海の上に浮かぶ殻のような構造である．大気は，窒素（95 ～ 98%），メタン（1.4 ～ 4.9%），水素（0.1 ～ 0.2%），その他の微量のガスである．
©NASA/JPL-Caltech/ASI に加筆

分の1のため，大気は地球の10倍の高度，約600 kmまで広がっている．大気の大部分は窒素（約95%）とメタン（約5%）で，少量の水素やシアン化水素，炭素に富む化合物を含んでいる．

タイタンの大気圏では，メタンと窒素分子は太陽の紫外線と土星の磁場で加速された高エネルギー粒子によって分裂する．これらの分子の断片は再結合してさまざまな有機化学物質（炭素と水素を含む物質でソリンと総称される）を形成している．

タイタンの垂直大気構造は地球によく似ている．タイタンにも対流圏，成層圏，熱圏，電離層がある．しかし，タイタンは地球の重力の7分の1という低い表面重力のため，地球上の主な気象現象が発生する対流圏の1～10 kmと比較してタイタンのそれは10～50 kmの高さである．このうち，対流圏と成層圏については，図4–42のとおりである．

対流圏 10～44 km：タイタンで多くの天気が発生する層．メタンは高高度でタイタンの大気から凝縮するため，その量は32 kmの高度．対流圏界面より下で増加し，8 kmと地表の間で4.9%の値で横ばいになる．対流圏では，メタン雨，ヘイズ降雨，さまざまな雲層が見られる．

成層圏 44～250 km：大気組成成層圏は，98.4%の窒素とメタン（1.4%），残りが水素（0.1～0.2%）とからなる．主要なソリン・ヘイズ（もや）層は成層圏の約100～210 kmにある．この層では，赤外線の不透明度が増し，ヘイズによって引き起こされる大気の温度上昇が見られる．

タイタンの大気中のメタンがどこから供給されるのかはわかっていない．タイタンは土星形成時に土星の周りの原始星雲から形成され，メタンはその際取り込まれたと考えられる．それは土星の大気にはメタンを含む大量のガスが含まれているためだが，太陽光はタイタンの大気中のメタンを分解する．そのため，何らかの方法で補充する必要がある．低温火山（火山が溶けた岩の溶岩の代わりに冷水を放出する）によってタイタンの大気中にメタンが噴出するのではないかという説もあるが，このプロセスが原因であるかどうかは確認されていない．

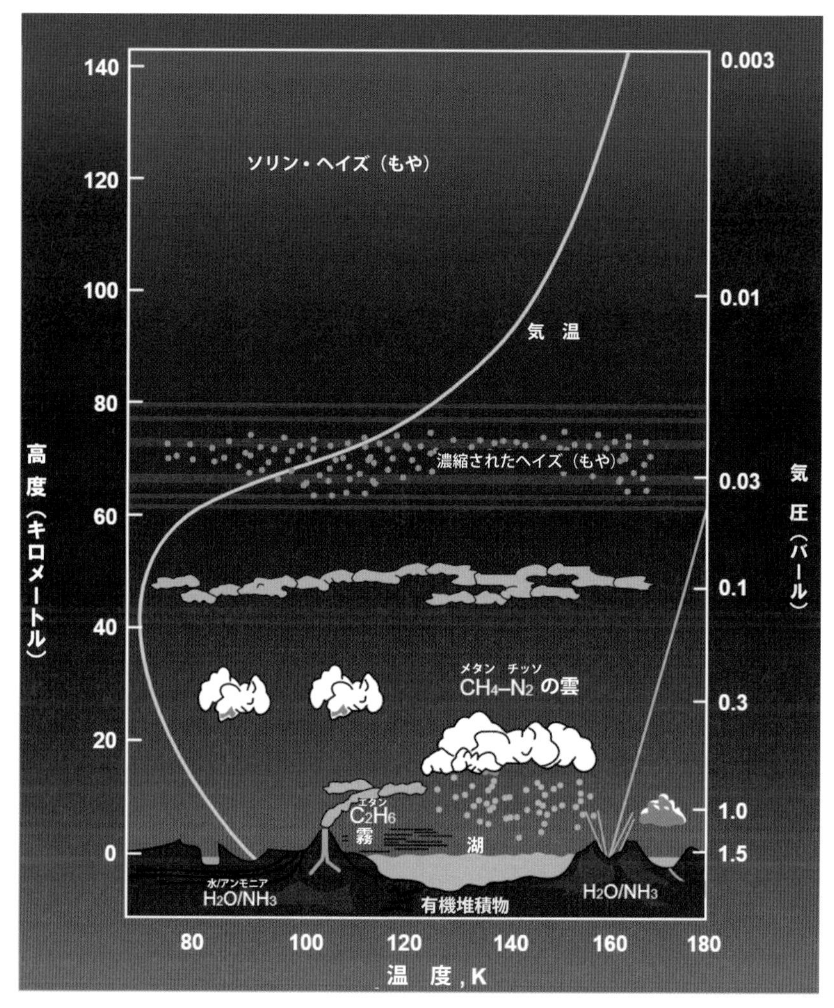

図 4-42 ホイヘンス着陸機の HAS 測定によるタイタンの下層大気の模式図.

Huygens Atmospheric Structure Instrument（HASI）は，ホイヘンス着陸機が降下中にタイタンの大気の測定を行った．HASI は，高度 1,400 km から地表までの大気の温度，気圧，密度を特定した．下層大気（160 km 未満）およびタイタンの表面では，HASI は圧力と温度，および誘電率などの電気的特性やイオンの分布を直接測定した．500 km 未満では，温度は非常に急速に上昇し，高度 250 km，成層圏の最上部で最大 186K（− 87℃）に達した．その後，成層圏の温度は低下し，高度 44 km で最低 70K（− 203℃）に達した．これにより，成層圏と対流圏の境界が確定した．プローブが表面に近づくにつれて温度が再び上昇し，着陸地点で 93K（− 180℃）に上昇した．表面圧力は地球の 1.47 倍だった． ©NASA/JPL

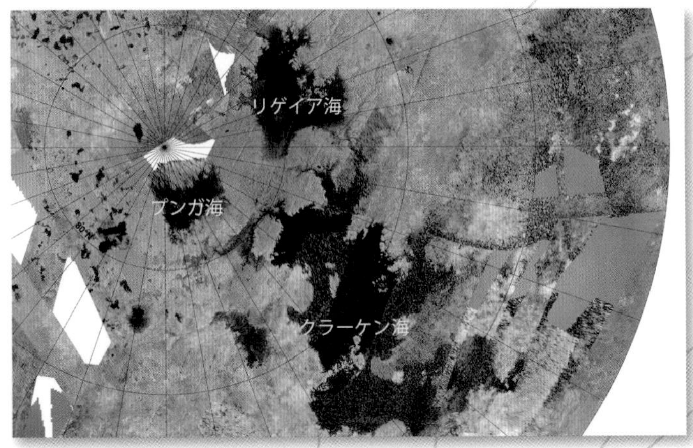

図 4-43
タイタンの北極地域.
このモザイク画像はカッシーニによる合成開口レーダー画像を示している. 北緯 60 度を超えるタイタンの北極地域の約 60%がレーダーでマッピングされている. マップされた領域の約 14%は, 液体炭化水素の海あるいは湖と解釈される.
©NASA/JPL-Caltech/ASI/USGS

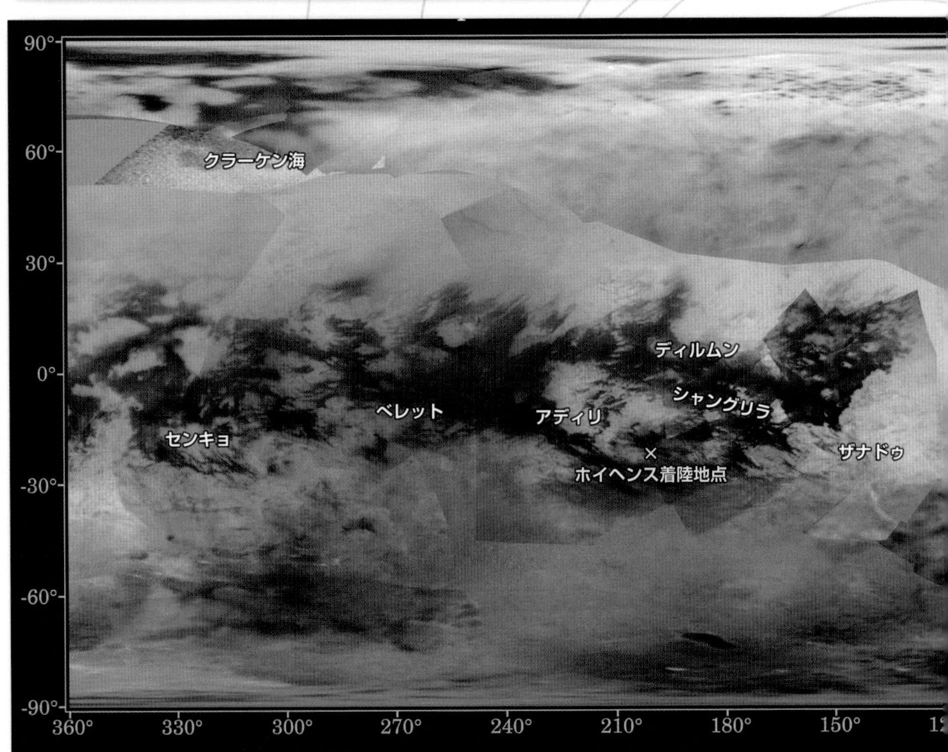

図 4-44　カッシーニによるタイタンのこのグローバルデジタルマップ.
画像は赤外線の 938 nm を中心としたフィルターを使用して撮影されたため, タイタンの表面全体の明るさの違いが読み取れる.
©NASA/JPL-Caltech/Space Science Institute

図 4-45

着陸機「ホイヘンス」がタイタン上空でとらえた，複雑な谷のネットワーク．タイタンには液体炭化水素の広い海がないことが明らかになったが，この画像は流体が流れて谷を浸食したように見える．写真の下 3 分の 1 は海岸地形のように見られる．
©ESA/NASA/JPL/University of Arizona.

図 4-46

このカッシーニによる合成開口レーダー画像は，ザナドゥ地域の南部「ザナドゥ別館」と呼ばれる明るく見える地域をクローズアップしたもので，タイタン最古の地形の可能性がある砂丘地帯と南部の河川地形が見られる．これらの砂丘はおそらく炭化水素の粒子でできている砂が堆積し，それらは風の通り道に沿って起伏のあるパターンを作っている．タイタンの雨である液体メタンによって表面が洗われ，他の有機堆積物で覆われた地域より白く見える．
©NASA/JPL-Caltech/ASI

タイタンに降り立ったホイヘンス探査機

ホイヘンスは土星探査機「カッシーニ」に搭載された小型の探査機で，2005年1月14日，衛星タイタンへ突入して着陸に成功した．

ホイヘンスによって，タイタンの大気の主成分は窒素とメタンであることが確認された．成層圏ではメタンの濃度はかなり低く，窒素とメタンの大気は均一に混合されていた．その後，高度40 kmの上部対流圏から，メタンの相対量は約7 kmまで徐々に増加し始め，100%の相対湿度（これ以上濃度が増すとメタンの雨滴になる飽和レベル）に達した．

降下の最後の部分では，ホイヘンス探査機が表面に着地するまで，メタン量は比較的一定のままだった．着陸後にメタン信号が急激に40%増加するという現象が起こった．窒素カウント率は一定のままであることから，これは表面に液体メタンが存在することを示唆している．すなわちホイヘンス探査機が着陸し，接地したタイタンの地表面を加熱したことが原因である可能性がある．このメタンが増加した値は，約1時間ほぼ一定であり，その後，レベルが非常にわずかだが低下した．

図 4-47　ホイヘンス探査機の着陸地点．

直径10～15 cmの炭化水素と水氷でできていると思われる丸い玉石が，遠いかなたまで暗い粒状の地表面に散在していた．

©ESA etc. → p.187

ホイヘンス探査機が着陸した場所の表面が海や湖のような液体である証拠は見つからなかった．しかし，タイタンの表面では時々，暗い領域全体が液体メタンとエタンの洪水で覆われていたようだ．それは暗い領域が海や湖底であるとした場合，画像に見える小川や水路によって，メタンなどの液体が満たされるには広すぎるためだ．画像に見られるような河川による堆積の前に大規模な壊滅的な出来事によって作成された可能性がある．着陸地点自体は干上がった川床に似ていた．

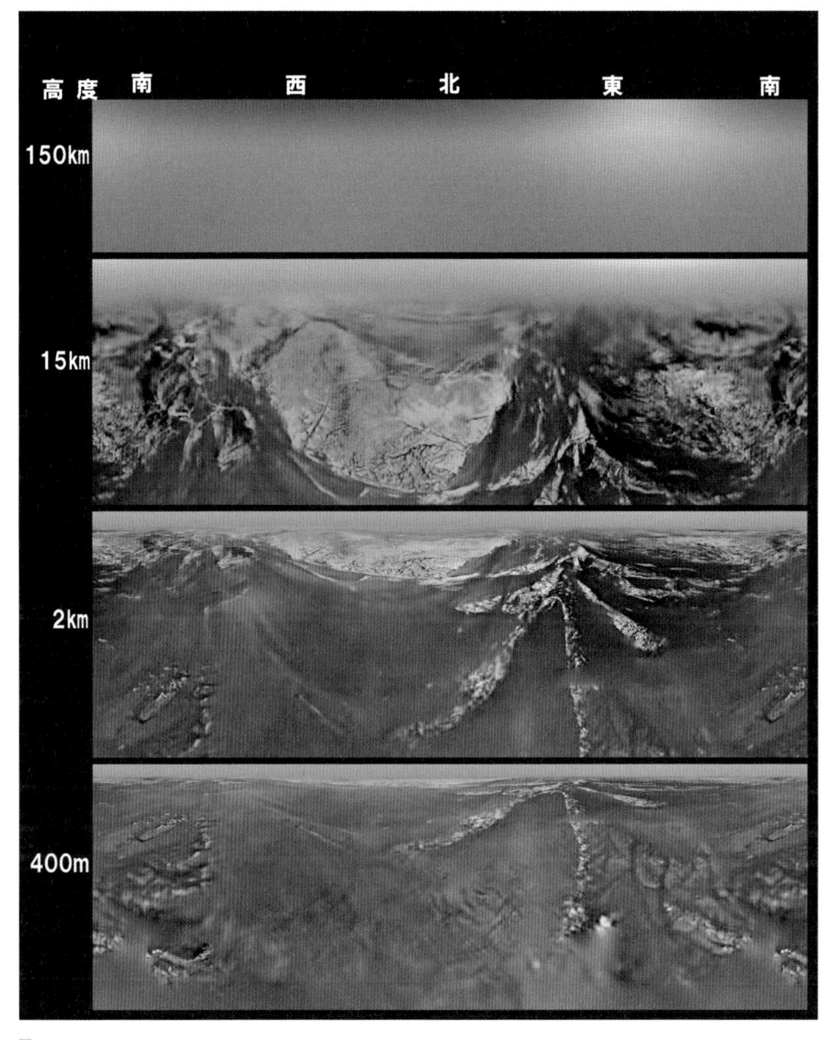

図 4-48　空から見たタイタン.

これらのタイタンの画像は，2005 年 1 月 14 日のタイタンの表面への降下中に，ホイヘンス着陸機に搭載されたディセントイメージャー／スペクトル放射計（DISR）によって撮影された．4 つの基本的な方向（西，北，東，南），4 つの異なる高度（上から下）150 km，15 km，2 km および 400 m で撮影された．DISR の測定は，ヘイズ粒子の光学特性，サイズ，密度に関する情報を収集した．観測では，降下中のすべての高度でかなりの量のヘイズがあり，地表までずっと広がっていた．DISR のカメラは，多数の峡谷で切り込まれた台地を明らかにし，地球上のものと多くの類似点を持つ侵食作用を示唆した．©ESA etc. → p.187

イアペタス

1671年10月25日にジョヴァンニ・カッシーニによって発見され，その後ジョン・ハーシェルによって命名された．太陽系のすべての衛星の中で，イアペタスはおそらく最も珍しい衛星だ．カッシーニによって発見されて以来，天文学者を困惑させ，魅了してきた．その特徴は，土星の西側に見える時と，東側に見える時とで明るさに2等級の差があることだ．発見者のカッシーニ自身，土星の西側にいた時に発見したが，東側にいる時にはなかなか見つけられなかったというエピソードがある．カッシーニは，イアペタスには明るい半球と暗い半球があり，常に土星に向かって同じ面を保ち，潮汐的にロックされているのだろう，と推測した．

イアペタスは，直径が約1,470 km，これはタイタン，レアに次ぐ土星の衛星としては3番目の大きさであり，土星からは356万km離れた軌道を79.33日で公転している．土星の他の主要衛星と異なり，軌道傾斜角が土星の赤道に対し，15.1度ある．そのため，イアペタスから見る土星は，リングがはっきりと見える．他の傾斜角が0度に近い主な衛星からは，リングはほぼ線状となり，見栄えはしないだろう．

イアペタスの表面は，先行半球がかなり暗く見え，茶色がかった黒い物質に覆われている．この暗い地域をカッシーニ地域と呼んでいる．表面の暗い物質は原始小惑星や彗星の表面に見られる物質に類似した有機化合物を含む炭素質であることが示されている．おそらく凍結シアン化水素ポリマーなどのシアノ化合物が含まれている．この層自体は大変薄い堆積層で，せいぜい数十cmの厚さだ．

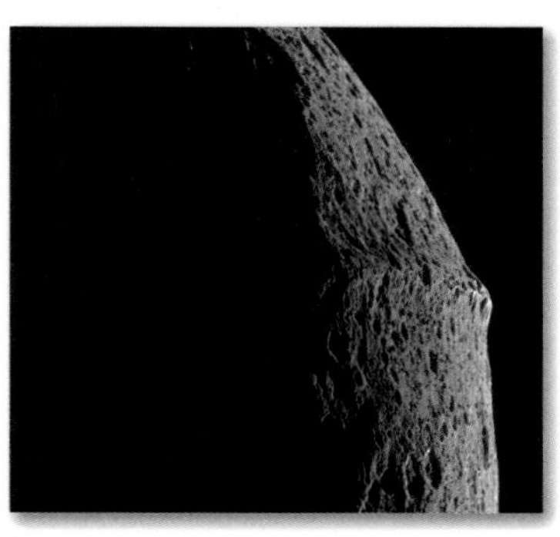

図4-49　イアペタスの赤道の尾根．
©NASA etc. → p.187

イアペタスのもう一つの謎は，長さ約1,300 km，幅20 km，高さ13 kmのカッシーニ地域の中心に沿って走る赤道の尾根だ．尾根が太陽系で最も高い山脈のようになっている．顕著な赤道の膨らみは，イアペタスにクルミのような外観を与えている．

図 4-50　イアペタス

後行半球から土星に背を向けた側を見ている．イアペタスには巨大なクレーターを含む無数のクレーターが，見られる．カッシーニの画像では，少なくとも 5 つの 350 km を超える大きな衝撃盆地が明らかになっている．最大のトゥルギスの直径は 580 km，この画像に見える南半球のクレーターは直径 450 km のエンゲリールである．

©NASA/JPL/Space Science Institute

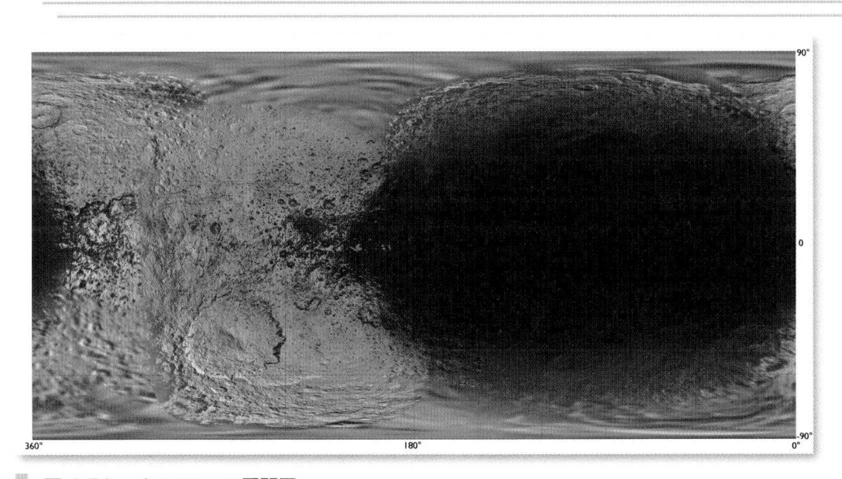

図 4-51　イアペタスの展開図．

経度 0 ～ 180 度が先行半球で，経度 180 ～ 360 度が後行半球である．この画像からは黒くて見えないが，先行半球の赤道上，ほぼ 3 分の 1 にわたって走る直線の尾根状の構造がどのように形成されたかは不明．赤道にほぼ完全に沿っていることとカッシーニ地域に限定される理由は不明だ．

©NASA/JPL-Caltech/Space Science Institute/Lunar and Planetary Institute

4-5 土星のその他の衛星たち

土星の月は非常に多く，多様であり，1 km 未満の特に小さな衛星から，惑星の水星よりも大きい巨大なタイタンにまで及ぶ．土星は 82 個の軌道が確認された衛星を有する．そのうち直径が 50 km よりも大きな 13 の衛星がある．

土星の中型・小型衛星のうち，羊飼い衛星は土星のリングの周囲，または間隙の中を周回している．土星に近い衛星の特徴は，その表面の白さにあり，水氷を主体とした氷天体である．白い理由はエンケラドスのように常に表面に氷の結晶が降り注ぐ，あるいは土星のリングの氷の微粒子を掃き集めることで新鮮な状態が保てるのだろう．

小型衛星の多くは，土星から 1,000 万 km 以上遠くをまわっている．外軌道の衛星は全て軌道が長楕円や逆行軌道など特殊なものが多い．小惑星や太陽系外縁天体などの土星系外の天体が捕獲されたとの説もある．

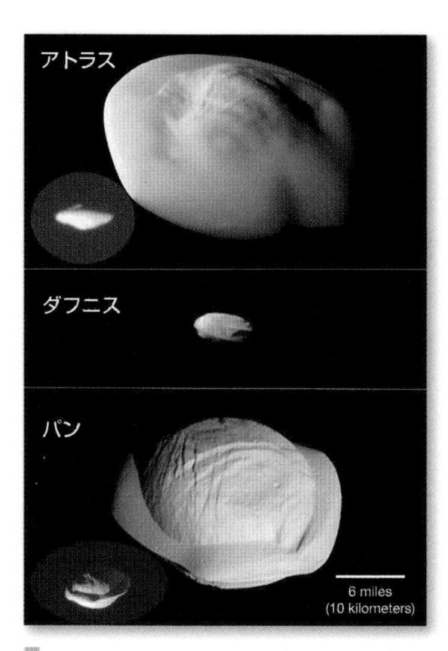

図 4-52　アトラス，ダフニス，パン
土星のリングの中をまわる衛星で，赤道部にリング由来の氷を付着させるため，膨らんで UFO のような形に見える． ©NASA etc. → p.187

図 4-53　ハイペリオン
土星の 8 番目に大きい衛星で 1848 年にウィリアム・クランチ・ボンドらにより発見された．不規則な形状で，スポンジのような特徴的な外見をしている． ©NASA etc. → p.187

土星の衛星たち

(Small bodies of the Solar System (2015 年 8 月) より作図)

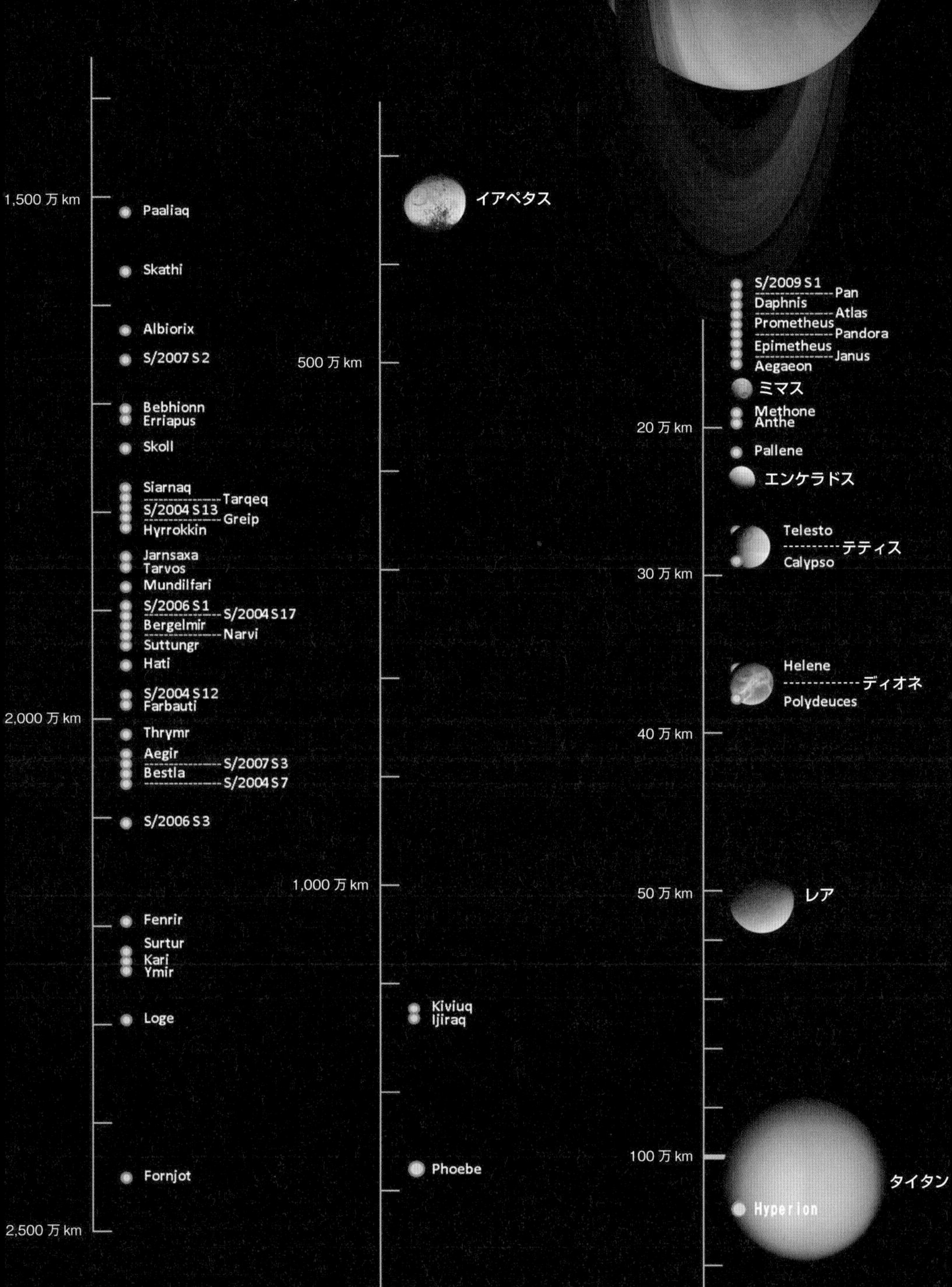

Column 4

エウロパ，タイタンに生命はいるだろうか

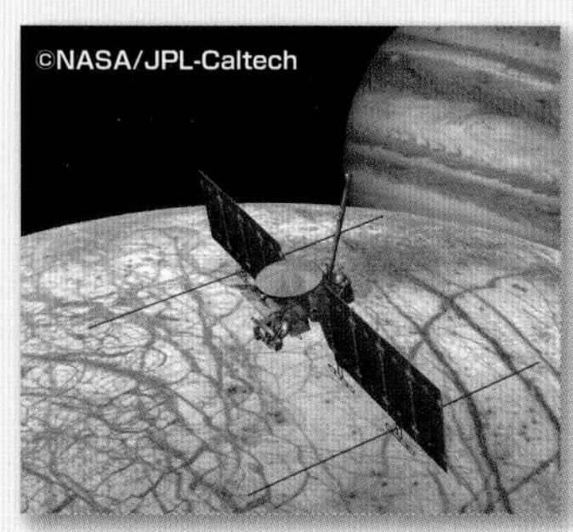

エウロパ・クリッパー(想像図)

木星と土星の衛星探査が始まる．木星の第2衛星エウロパと，土星最大の衛星かつ太陽系で唯一大気を持つ衛星のタイタンにそれぞれ探査機を送り込む．エウロパにはエウロパ・クリッパー，タイタンにはドラゴンフライというミッションだ．

エウロパ・クリッパーの目的は，エウロパの詳細な探査を行い，氷の衛星が生命に適した条件を保持できるかどうかを調査し，宇宙生物学への確かな足がかりとすることだ．エウロパには降りず，高度25kmという低空飛行で氷の厚みやその下の海の様子を探る．一方，ドラゴンフライの目的は地球同様の窒素を主体とする大気を持つ衛星タイタンを8つのローターでドローンのように飛びまわり，メタンの雲が浮かび，メタンの雨が降るタイタンの海や湿地で有機分子を調べることだ．初期の地球で単純な分子から複雑な生命がどのように生じたかの手がかりをつかめる可能性がある．

ドラゴンフライ（想像図）

第5章 探査機の歴史と成果

Cassini-Huygens: Mission to Saturn
BY THE NUMBERS

2.5 MILLION COMMANDS executed

4.9 BILLION MILES TRAVELED since launch (7.9 BILLION KILOMETERS)

635 GB SCIENCE DATA collected

3,948 SCIENCE PAPERS published

6 NAMED MOONS discovered

294 ORBITS completed

162 TARGETED FLYBYS of Saturn's moons

453,048 images taken

27 NATIONS participated

360 ENGINE burns

NASA Jet Propulsion Laboratory
California Institute of Technology

@CassiniSaturn
saturn.jpl.nasa.gov

5-1 スイングバイを使った探査

木星以遠の探査は，大きく分けて２つの方法で行われてきた．一つは，天体の近傍を通過するスイングバイ航法（フライバイとも呼ばれる接近通過探査）による方法で，天体の近くを通り過ぎる際に探査を行う．チャンスは近づいた時のみで，繰り返し探査はできない．

もう一つは，天体の周囲を周回する人工衛星になって軌道上から探査をしたり，プローブと呼ぶ探査体を投下して直接その場観測をする，といった方法である．

スイングバイ探査は，木星，土星に限らず，天王星，海王星，冥王星の探査にも使われてきた方法だ．スイングバイとは，惑星の重力を使って探査機の針路や速度を変える技術である．例えば図 5-1 のように天体のうしろ側をかすめるように飛べば，軌道は前の方向に曲げられ，探査機は大幅に加速される．代わりに天体はほんのわずかだけ遅くなる，つまり探査機は天体からわずかだけ運動エネルギーを奪って加速するのである．スイングバイはできるだけ質量の大きな天体で行うのが効果的であり，太陽系では木星，土星でのスイングバイが最も効果的である．今までに木星と土星に限っても，パイオニア 10 号，11 号，ボイジャー 1 号，2 号がある．さらに木星の強い引力を加速と方向制御に使った土星探査機「カッシーニ」，冥王星探査機「ニューホライズンズ」が木星から目的の天体に向かうためにスイングバイを行っている．変わったスイングバイを行ったのは，太陽極軌道探査機「ユリシーズ」で，太陽の北極と南極を調べるために，木星の重力を利用して方向転換し，太陽を周回する極軌道に乗った．

周回衛星として，木星の周回軌道に乗った探査機はガリレオとジュノー，土星の周回軌道に乗った探査機はカッシーニである．なお，これらの探査機は，周回軌道に乗る際に主エンジンを噴射して減速し，惑星の衛星軌道に入った．

それでは，木星，土星の探査を行った探査機たちを見ていこう．

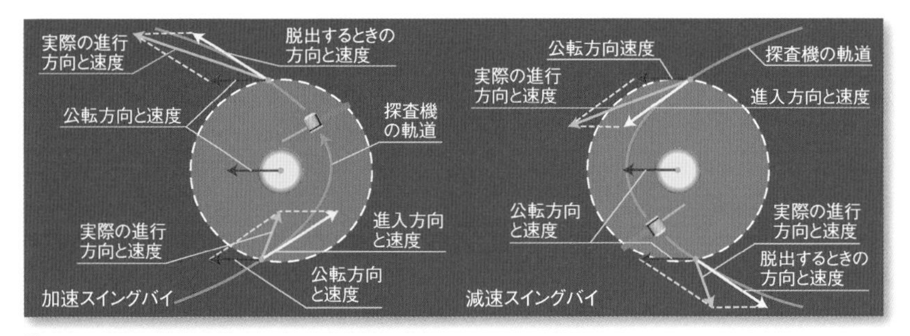

図 5-1　加速するスイングバイと減速するスイングバイ.
探査機が加速するには，接近する天体の公転運動のエネルギーを受けとる．減速の場合は逆にエネルギーを渡す.

図 5-2　太陽探査機「ユリシーズ」.
1992 年 2 月 8 日，ユリシーズは黄道面に対する軌道傾斜角を 80.2 度まで増やすためのスイングバイを行うために木星に到着した．木星の強力な重力によってユリシーズの軌道を，黄道面に対して下向きの力を加え，太陽の北極と南極を周回する軌道へ乗るための軌道修正を行った.
©NASA

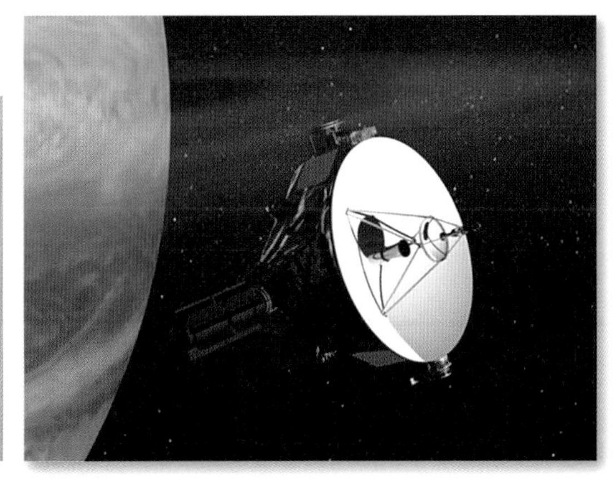

図 5-3
冥王星探査機「ニューホライズンズ」は，2007 年 2 月 28 日，木星から 230 万 km まで接近し，木星から重力アシストを受けた．木星によって，4 km / 秒加速し，太陽に対して 23 km / 秒の速度に増速，冥王星への航海を 3 年短縮した.
©NASA/JHUAPL/SwRI

5-2 パイオニア10号, 11号

図 5-4 パイオニア 10 号（想像図）．
©NASA

1965 年，カルフォルニア工科大学のゲイリー・フランドロがあることに気づいた．1983 年に木星，土星，天王星，海王星の 4 つの惑星が，さそり座からいて座にかけてのおよそ 50 度の範囲に並ぶこと．そのタイミングを狙って 1976 ～ 1978 年の間に探査機を打ち上げれば，未踏の 4 惑星全てを順に訪れることができるのだ．この外側の惑星（木星，土星，天王星，海王星）の配列は，175 年ごとに起こる現象で，惑星の重力を利用して軌道を変化する方法，スイングバイを木星，土星，天王星の順に繰り替えしていけば海王星まで 30 年かかる旅を 12 年で行くことが可能という．太陽系の外側の惑星たちを比較的早くに探索する機会となる．この 175 年ごとのイベントを利用するために，NASA（アメリカ航空宇宙局）は，木星と土星に 2 組の惑星探査機を送り，スイングバイ飛行によりさらに天王星と海王星までも探査する計画を実行した．探査機が小惑星帯と木星の強力な放射線帯を無事に通過することを確実にするために，NASA のエイムズ研究センターは，まず 2 つの小さなパイオニア探査機をさきがけとして製作した．最初にパイオニア 10 号が 1972 年 3 月 2 日に打ち上げられ，その姉妹機パイオニア 11 号は 1973 年 4 月 6 日に打ち上げられた．

両機は 1973 年 12 月と 1974 年 12 月に木星に到着した．その間，小惑星帯通過時に心配された小天体との衝突もなく，地球から木星までの長いルートを移動できることを実証した．また，木星の強力な放射線帯の存在を確認し，その中を無事にくぐり抜けた．パイオニア探査機は木星とその衛星の多くの写真を撮り，大赤斑の詳細な画像を撮影し多くの科学的発見をした．その後，パイオニア 11 号は木星スイングバイを行い，1979 年 9 月 1 日，土星に到着，F リングと 2 つの衛星を発見した．こうして後に続くボイジャー計画のテストフライトとしての役割を果たした．

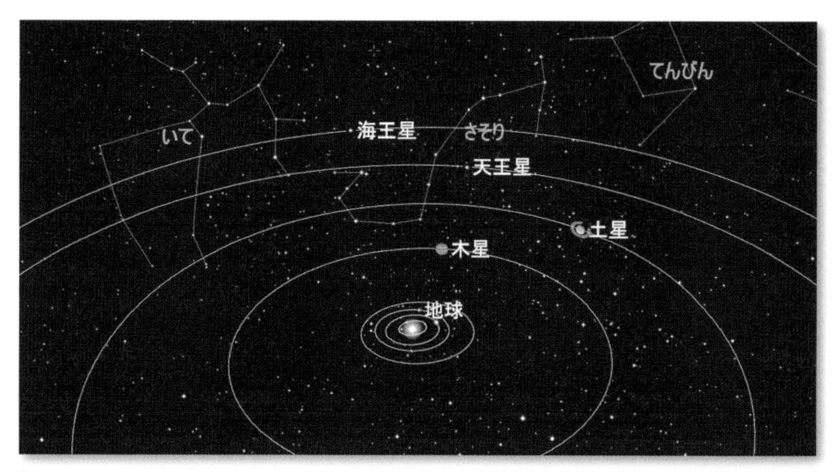

図 5-5 1983 年の太陽系．木星，土星，天王星，海王星が地球から見ておよそ 50 度の範囲に並んでいる．この中で木星が最も公転が早い．1983 年に探査機が木星に到達するためには 5 ～ 7 年早く地球から打ち上げる必要があった．©StellaNavigator11/AstroArts

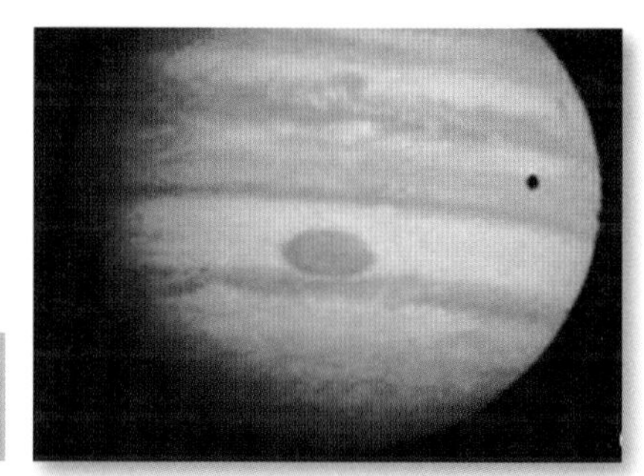

図 5-6 パイオニア 10 号が撮影した木星． 木星接近 40 時間前の 4 時間にわたり撮影した．黒い点は衛星イオの影．©NASA

図 5-7 パイオニア 11 号は 1974 年 12 月に木星に着き，大赤斑の詳細な画像を撮影した後土星に向かい，1979 年 9 月に土星に到着した．土星の下にタイタンが写っている．
©NASA（左） ©NASA/Ames（右）

5-3 ボイジャー1号，2号

惑星探査機「ボイジャー1号」は1977年9月5日に打ち上げられ，木星と土星とその衛星を観測した．ボイジャー2号は1977年8月20日に打ち上げられ，木星，土星，天王星，海王星とその衛星を観測した．木星へのボイジャーの接近アプローチは1号の1979年3月5日から始まった．

木星の写真撮影は最接近前の1979年1月に始まった．その時，撮影された惑星の画像はすでに地球から撮られた最高のものを超えていた．1号は，ほぼ19,000枚の写真と他の多くの科学的測定を行った後，同年4月上旬に木星との遭遇を完了，スイングバイにより土星へ向かう軌道に乗った．2号は4月下旬に観測が始まり，7月の最接近後8月まで継続し，木星とその5つの主要な衛星の33,000枚以上の写真を撮影し多くの科学的測定を行った．2号も木星の引力を使ったスイングバイにより，土星に向かった．

木星の衛星イオでの活発な火山活動の発見は，おそらく最大の驚きだった．太陽系の地球以外の天体で活火山が見られたのは初めてだ．さらにイオの活動は木星系全体に影響を与えるようなのだ．イオは，主に木星の強い磁場の影響を受けて，木星を取り囲む空間の領域である木星磁気圏に広がる物質の主要な供給源であると思われる．イオの火山から噴出し，木星磁場から高エネルギー粒子の衝突によって表面から放出された硫黄，酸素，ナトリウムが，磁気圏の外縁で検出された．

図5-8 ボイジャー1号．
©NASA/JPL

土星には1号は1980年11月，2号も1981年8月にたどり着いた．土星本体，そのリング，衛星の高解像度の写真が撮られた．また，アトラス，

5 探査機の歴史と成果

図 5-9　ボイジャー 1 号は木星と土星の探査後，土星の衛星タイタンに近づく進路を取った後，太陽系空間を地球から見て，へびつかい座の方向に飛び去って行った．ボイジャー 2 号は木星，土星探査の後，天王星，海王星に近づく進路を取り，天王星には 1986 年 1 月 24 日に最接近した．天王星接近はわずか 24 時間弱であったが衛星を新たに 10 個発見し，リングの調査も行った．海王星には 1989 年 8 月 25 日に最接近し，海王星表面の大暗斑を発見した．さらに衛星トリトンへ接近しトリトンの表面を撮影した．こうして「グランドツアー」を初めて実現した探査機となった．　©NASA/JPL

パンドラ，プロメテウスの３つの未知の衛星を発見している．

11 月 11 日，ボイジャー１号のタイタンへの最接近で，探査機の計器はタイタンが実質的な大気を持ち，火星大気よりもはるかに密度が高く，おそらく地球よりも密度が高いことを発見した．

２号は１号の９か月後，1981 年８月 25 日に，土星に最も接近した．２号は土星の衛星の性質について多くのことを明らかにし，４つの新しい衛星を特定した．そして，土星の衛星タイタンの大気は主に窒素であることを確認した．土星のリングについても，「スポーク」と呼ぶＢリングの放射方向に薄黒い構造が見つかった．これは，1981 年８月 22 日，約 400 万 km 離れたボイジャー２号によって撮影された．

２機のボイジャーによる科学的調査結果の概要は次のとおり．

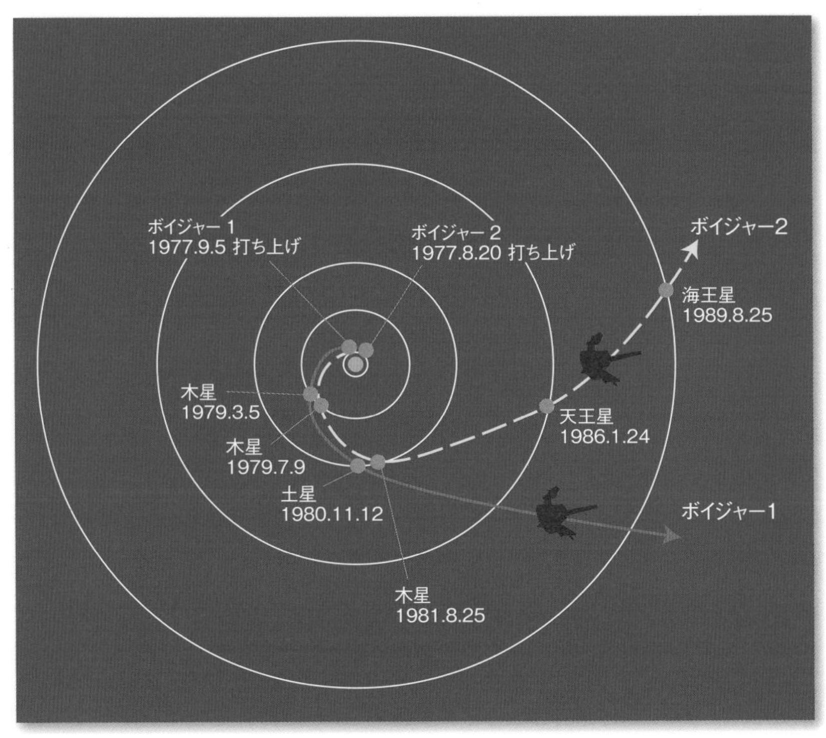

図 5-10　ボイジャー１号と２号の飛行経路．

- 土星の大気は，ほぼ完全に水素とヘリウムで構成されている．1号は，土星の上層大気の体積の約7%がヘリウムであり（木星の大気は11%），残りのほとんどが水素であることを発見した．土星内部のヘリウムの量は木星や太陽と同じであると予想されていたため，上層大気のヘリウムの量が少ないということは，水素より重いヘリウムが土星の水素中をゆっくりと沈んでいくことを意味する．それにともなう重力エネルギーの開放によって，土星が太陽から受け取るエネルギーよりも多くの熱を放射していることを説明できるかもしれない．
- 2号は土星の背後から地球に向けて電波を発射し，その電波が土星の上層大気を通過する強さの変化で，温度と密度を測定した．その結果，土星大気は表層から下層に向けて温度が下がっていくが，70ミリバールの大気圧の層で最低気温82K（−191℃）を記録した．土星大気で観測できた最も深い，1,200ミリバールの大気圧の層では143K(−130℃)と，深部に入るにつれ，温度が上昇していることを記録した．土星の北極付近では，100ミリバールの大気圧の層で，中緯度のそれより約10度低い気温が観測された．
- 中緯度で水素のオーロラのような紫外線放射を，さらに極緯度（65度以上）でオーロラを発見した．
- 2機のボイジャーは，土星の回転（1日の長さ）を測定し，10時間39分24秒で自転していることがわかった．

ガリレオの望遠鏡を使った観測以来，天文学者は400年にわたって地球から惑星とその衛星を研究してきたが，ボイジャー1号と2号の多くの発見に驚いた．ボイジャーの探査から，木星以遠の惑星，その衛星，および磁気圏で重要な物理的，地質学的および大気のプロセスが現在も進行中であり，地球とは異なる進化が目の前にあることを理解した．このことは天文学者のみならず様々な分野の科学者にとって新しい探求の世界が広がったことを意味する．ボイジャーの探査計画では当時としては珍しかったいわゆるプロモーションムービーがコンピュータ・グラフィクスを用いて制作，公開された．当時は16 mmの映写フィルムだったが，木星，土星に迫る飛行ルートのダイナミックな映像は太陽系のグランドツアーとして大いに関心を高めた．

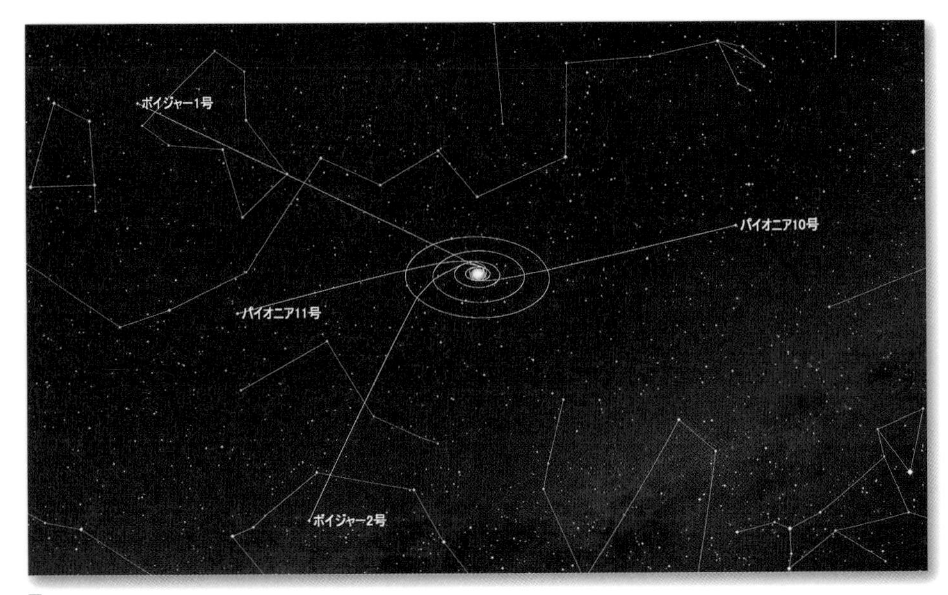

図 5-11　4 機の宇宙探査機の 2020 年の位置.
最も遠くを飛んでいるのはボイジャー 1 号で，225 億 km（地球－太陽間の 150 倍）かなたにいる.
©StellaNavigator11/AstroArts

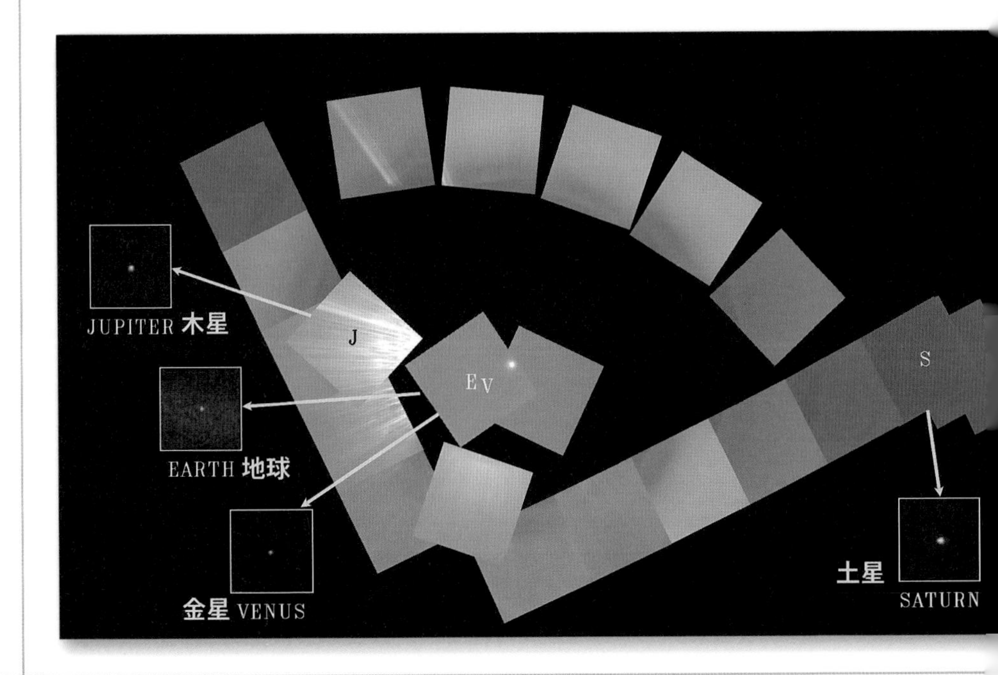

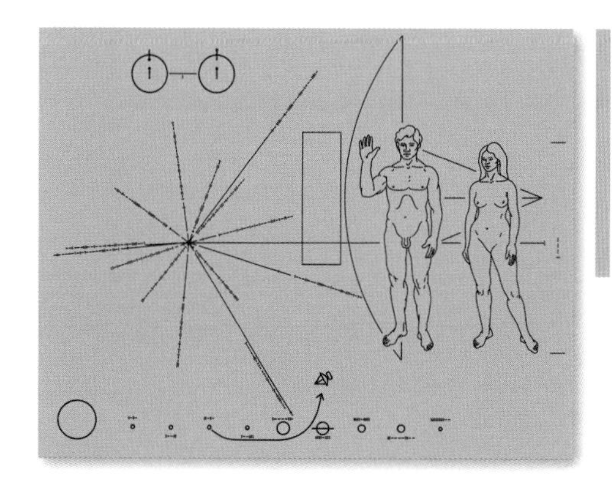

図 5-12 パイオニア 10 号，11 号には，遠い将来に彼らを見つけるかもしれない宇宙生命のために，彼らの旅の時間と地球の場所を特定する小さな金属のプレートを積んでいる．天文学者のカール・セーガンの発案であり，天の川銀河における我々の位置を与え，探査機を物差しにした人間の男女を描いている． ©NASA/Ames

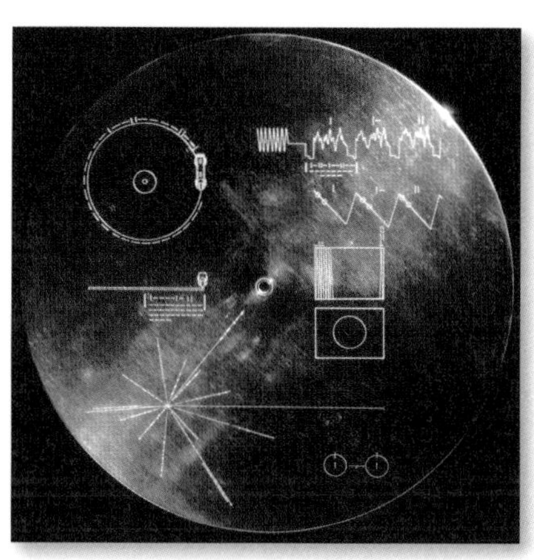

図 5-13 2 機のボイジャー探査機に搭載されたゴールデンレコード．この中に収められた内容は，天文学者のカール・セーガンらによって決められた．セーガンらは 115 枚の画像と波，風，雷，鳥や鯨など動物の鳴き声などの多くの自然音を集めた．さらに様々な文化や時代の音楽，55 の言語のあいさつ，ジミー・カーター米大統領と国連事務総長ワルトハイムからのメッセージ文などが記録されている． ©NASA/JPL

図 5-14 1990 年 2 月 14 日，バレンタインデーにボイジャー 1 号が太陽系を振り返り太陽からおよそ 60 億 km 離れた地点から家族写真（ポートレート）を撮影した．カール・セーガン発案による 39 枚の写真からなる．ただし火星は暗く，水星は太陽に近すぎ，冥王星も暗すぎた．これはボイジャーによって撮影された最後の写真となった．カール・セーガン著『Pale Blue Dot（薄い青い点）』（1994 年出版）のタイトルは，この地球のイメージから取られたという．
©NASA/JPL

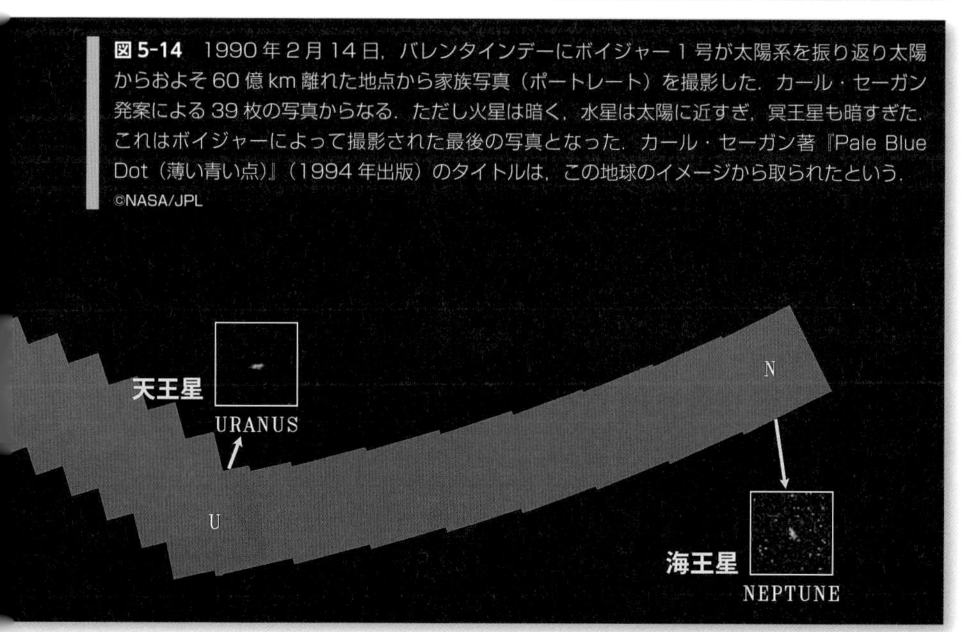

5-4 木星探査機「ガリレオ」

探査機「ガリレオ」は，使い捨てのロケットで宇宙に飛び出すほとんどの惑星探査機とは異なり，スペースシャトル，アトランティスの貨物室から木星に向けて飛び立った．シャトルミッション STS–34 は，1989 年 10 月 18 日にケネディ宇宙センターのパッド 39–B から離陸し，同日，シャトルの乗組員がガリレオを地球上の宇宙空間に放出，その後，ロケットに点火し，木星への旅が始まった．

探査機「ガリレオ」は木星に直接飛ぶのではなく，金星と 2 回の地球スイングバイを行い，金星と地球からエネルギーを受けとって長い旅を続けた．

最初の目的地は金星で，ガリレオは探査機の機器を試し，姉妹惑星を覆い隠す厚い有毒な雲の研究を行った．さらに我々が住む惑星，地球に 2 回接近した．

最初の地球のスイングバイ後，アクシデントが起きた．ガリレオの傘型の高利得アンテナが計画どおりに開かなかったのだ．本来は傘が開くようにアンテナが開くはずだった．このため，ガリレオのチームは，より

図 5-15　1989 年 10 月，スペースシャトル「アトランティス」から打ち出されるガリレオ探査機．
©NASA

図 5-16　アンテナが未展開のガリレオ．
©NASA/JPL

小さなアンテナを介してデータを送り返すように再プログラムし，さらにNASAの地上のアンテナをアップグレードした．その結果，科学者は当初計画されていたほとんどすべての情報を取得できた．

1994年，ガリレオはシューメイカー・レヴィ第9彗星の分割した断片が木星に衝突するのを完全に見ることができ，衝突の瞬間の直接観測を行った．地球上の望遠鏡からは，衝突が地球から見て木星の裏側で起こったため，木星が自転して衝撃地点が視界に入るのを待たなければならなかったのだ．

ガリレオは，ほぼ6年間かけて太陽系空間を移動し，1995年7月に，木星へ大気を調べるプローブを放出した．5か月後，プローブは木星の大気に毎秒47 kmという高速で突入した．木星大気で減速した後，パラシュートを開いて大気の最上層の153 kmを降下する中で，現地の気象に関する58分のデータが収集された．データはガリレオに送られ，地球に送信された．

58分間の降下の最終段階で，このプローブは時速724 kmという最も強い風を観測した．プローブは，木星大気の熱によって最終的に溶けて蒸発した．同時期にガリレオは木星の周回軌道に，メインエンジンを使い予

図 5-17 ガリレオから切り離され，木星大気に突入する大気プローブ．
©NASA/Ames Research Center

図 5-18 大気プローブ．
木星大気へ毎秒47.8 kmで進入した後，58分間のデータ収集中に，木星の大気と組成に関するデータを集め，木星の雲はほとんどアンモニアの結晶であることなどいくつかの新しい発見をした．
©NASA

定通り入った．1995 年 12 月 7 日に，ガリレオは主要なミッションである木星システムの 2 年間の調査を開始した．

ガリレオの軌道は約 2 か月の周期で木星の周りをまわる細長い楕円軌道だった．木星からさまざまな距離を移動することで，ガリレオは木星の広大な磁気圏のデータを記録した．

その軌道は，木星の 4 大衛星への接近飛行のために考えられた．ガリレオの木星探査は，周回する各軌道に番号が付けられ，探査機が最も近い距離で遭遇した衛星にちなんで命名された．例えば，3 番目の周回軌道「C–3」は，カリストの近くを飛行した，という意味である．

ガリレオの最初の任務は 1997 年 12 月 7 日に終了した．最初の使命の 11 周回の間に収集された興味深いデータからは，多くの疑問が生まれたが，ガリレオには探査する余力が残されていたため継続された．これは拡張ミッションとして NASA は「GEM」と呼ばれる 2 年間の調査を追加した．14 回の軌道周回で，木星とガリレオ衛星の氷，水，火に焦点を合わせた．氷の衛星エウロパは海を持っているかもしれないこと，木星の雄大な雷雨，そしてイオの燃えるような火山についてだ．

ガリレオはエウロパに距離 880 km，（20 m ほどの大きさのものがあれば検出できるくらい）に接近して地表の細部を撮影した．さらにエウロパへの接近観測によって，エウロパの磁極の動きから氷で覆われた表面の下に液体の塩水の海が存在しているという証拠を得た．

木星の最も内側の衛星イオへの接近は，木星の強い放射線を浴び続けなければならないため，これらの接近は最後に行った．放射線をかいくぐったガリレオはイオの火口からの溶岩噴出を観測した．

これらの探査の成功により，別のエキサイティングなミッションにつながり，さらに 2001 年まで延長された．データはイオとエウロパで収集され，木星に近い探査機が受ける放射線の影響に関する研究が行われた．これは後のジュノー木星探査機へと続いていく．

ガリレオは姿勢制御用燃料が残り少なくなり，ガリレオ衛星，特に生命の存在の可能性のあるエウロパへの落下による微生物汚染の恐れがあることを理由に，2003 年 9 月 21 日，木星大気圏に突入してその使命を終了した．

図 5-19　エウロパのカオス地形，コナマラカオス地域のモザイク.

エウロパの表面の比較的最近の表面再形成を明確に示している．不規則な形の水氷のブロックは，既存の氷地殻の分裂と動きによって形成された．このようなカオス地域の地殻は下からの熱が強く，氷の殻が薄いことが考えられる．この領域を切断する若い割れ目の存在は，表面が脆く凍結していることを示している．

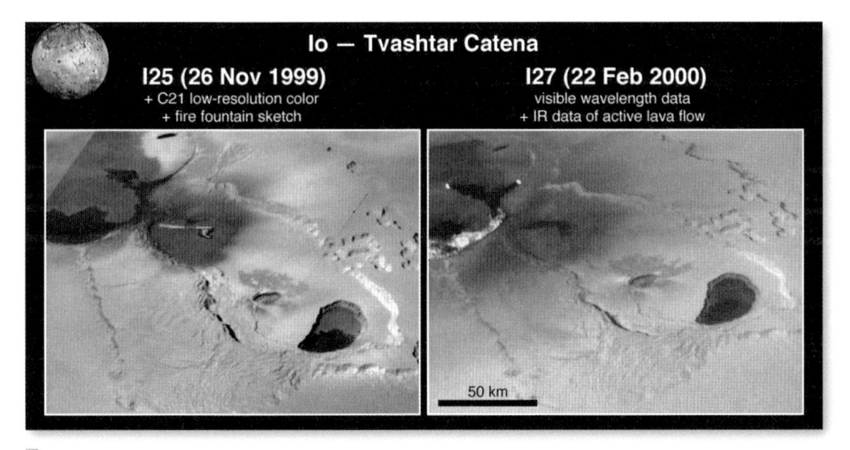

図 5-20　イオの活動的な火山地形 Tvashtar Catena での噴火.

1999 年と 2000 年初頭の数か月の期間にわたって，溶岩の位置の変化を示している．画像の中央にある細長いカルデラは，高さ約 1 km のメサ（卓状台地）に囲まれている．ある場所では，メサの縁がスカラップ（半円の波形）状になっている．これは，サッピングと呼ばれる侵食プロセスの典型で，崖の底から液体が漏れ，その上の物質が崩壊する時に発生する．イオでは，流体は二酸化硫黄であると考えられており，真空の表面でほぼ瞬時に蒸発し，崖の底にある物質を吹き飛ばすのだ．

5-5 木星探査機「ジュノー」

木星探査機「ジュノー」は，ローマの最高神ジュピター（ギリシャではゼウス）の妻である女神ジュノー（ギリシャではヘラ）の名をかぶせた木星探査機である．ジュピターはジュノー以外の女性との関係を隠すために雲に身を隠したが，ジュノーはそれらの雲を通してジュピターの仕業を見る能力を持ち，ジュピターの真の姿を見抜いていたという．探査機「ジュノー」が惑星木星の分厚い雲に隠されたその真の姿を発見する，という使命が込められているところから名付けられたのだろう．

2011 年 8 月 5 日にフロリダ州ケープ・カナベラルから打ち上げられたジュノーは，2013 年 10 月地球スイングバイを行って加速し，ほぼ 5 年後 2016 年 7 月 4 日に木星に到着しすぐに仕事に取りかかった．

ジュノーは 1990 年代に活躍した探査機「ガリレオ」と異なり，原子力電池を使わず，3 枚の大きなソーラーパネルをひろげた，3 枚羽のブー

図 5-21 2011 年に打ち上げられた木星探査機「ジュノー」は，2016 年に木星に到着し，楕円形の極軌道から巨大な惑星を研究する．3 枚の大きな太陽電池パネルが特徴．©NASA/JPL

メランのような形が特徴的な探査機だ．ジュノーの使命は，8 個の科学機器を搭載し巨大惑星の起源，構造，大気，磁気圏を調査する．さらに JunoCam というカラーカメラは，木星の詳細なカラー画像を提供する．ジュノーは当初は木星の周りを 14 日でまわる極軌道に乗り，37 周するつもりだったが，ロケットエンジンの不調により，53 日の極周回軌道をまわることとなった．ジュノーは 53 日に一度，木星に北極側から接近し，赤道を超えて南極方向に抜ける，という長楕円軌道を通る．ジュノーの運用は，2018 年 2 月 6 日に終了予定であったが 2021 年 7 月まで延長されることになった．

科学機器の目的は以下のとおりである．

重力科学（GS）：木星の質量の不均一な分布は，速度の小さな変化を引き起こす．それを地球への電波のドップラー効果によって検出する．

磁力計（MAG）：太陽電池パネルの先についた磁力計で，木星のどのくらい深い所で磁場が生成されるかを測定し木星磁場の起源と構造を調べる．

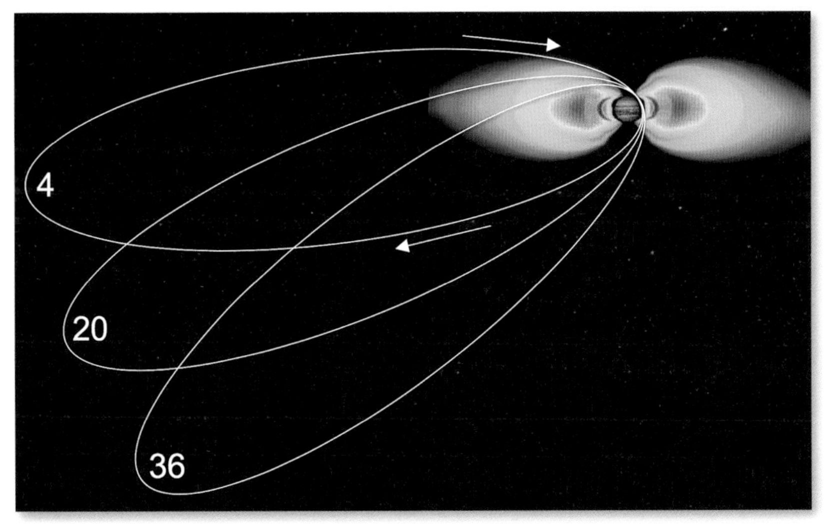

図 5-22　ジュノーは，木星の周りを 1 周 53 日かけて周回する．

木星磁場が作り出す強力な放射線から観測機器を守るために，極軌道を通る．最も近いところで，木星表面の 5,000 km 以内を通過する．数字は第 4 回〜第 36 回の周回を示している．

©NASA/JPL-Caltech

マイクロ波放射計（MWR）：厚い木星大気を透過できるマイクロ波周波数帯を用いて200気圧の圧力または深さ500～600 kmまでの大気の深層の水とアンモニアの量を測定する．

木星赤外線オーロラマッパー（JIRAM）：近赤外（2～5 μm）で圧力が5～7気圧に達する50～70 kmの大気の上層の調査を行う．H^{3+}イオンが豊富な領域で，3.4 μmの波長でオーロラの画像を撮影する．木星大気からの熱放射を測定し表面直下の雲がどのように流れているかを判断する．また，メタン，水蒸気，アンモニア，ホスフィンも検出できる．

この他に木星高エネルギー粒子検出器（JEDI），木星オーロラ分布実験（JADE），紫外線イメージング分光器（UVS）を持つ．

ジュノーの軌道は，木星の非常に強い放射線ベルト内の飛行を最小限に抑えるために慎重に計画された．これは，木星両極近くの磁場のすき間を利用して，最小の放射線の領域を通過することにより，探査機の電子機器やソーラーパネルを損傷から防ぐためなのである．そのためジュノーは木星の北極と南極を通る極軌道に乗った．木星に最も近づく時の距離は，約4,000 km，離れる時は木星の2番目の衛星エウロパより遠く，その周期は53日である．各軌道の大部分は木星から十分離れた場所にいる．そしてその軌道は53日ごとに1回，北極の上から木星に近づき，8つの科学機器がデータを収集し，JunoCamカメラが写真を撮って2時間の北極から南極への接近飛行を行うのだ．2019年9月までに22回の木星への接近を実行している．

大赤斑のデータ収集は，科学探査の一つとして，ジュノー第6回目の軌道周回の際に，大赤斑の真上を飛行した．ペリジョーブ（軌道が木星の中心に最も近くなる地点）は，2017年7月10日で，木星の雲頂から約3,500 km上空を通過した．その11分33秒後に，大赤斑上空の雲頂の真上9,000 kmを通過した．

木星の特徴の一つである縞模様については，マイクロ波放射計（MWR）が木星大気に浮かぶアンモニアの雲の最上層から大気の奥深くまでを観測し，その帯や縞が謎めいていることを示した．赤道付近の縞は下の深いところまで到達している一方で，他の緯度の帯と縞は別の構造のようなのだ．

図 5-23　2017 年の大赤斑.
ジュノーに搭載されたJunoCam撮影装置によって, 2017年7月10日のスイングバイ中に撮影され, この画像はJason Major氏によって作成された.

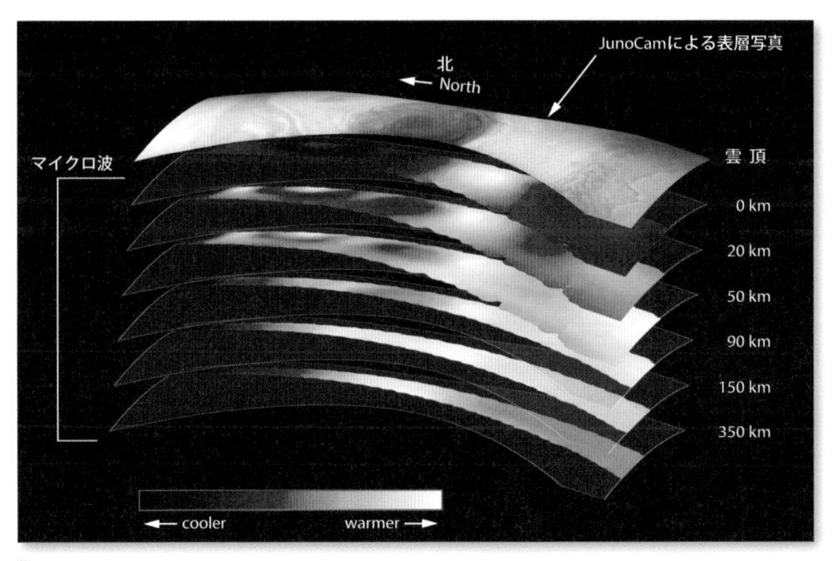

図 5-24　マイクロ波放射計（MWR）機器の 6 つのチャネルからのデータを示す.
MWR 機器により, ジュノーは, これまでの探査機や地球ベースの観測よりも木星の奥深くを見ることができる.

磁力計（MAG）による大規模な惑星の磁気圏の測定は，木星の磁場が予想よりもさらに強く，形状が不規則であることを示している．MAG データは，磁場が 7.766 ガウスで予想の 2 倍も上回った．この不均一な分布は，地球のように中心で磁場が作られるのではなく，木星の表層に近い金属水素の層の上でダイナモ作用によって電界が生成される可能性がある．また，木星の両極で発生するオーロラの観測結果から，木星と地球とでオーロラ発生のプロセスに違いがあることも示された．

ジュノーによって収集されたデータは，巨大ガス惑星の気象現象を起こす層が大気中に深く入り込み，地球上で見られる台風のような大気現象よりも長く続くことを示している．木星表面の縞模様，帯（ゾーン）と縞（ベルト）の根が広がる深さは，何十年もの間謎だったが，ジュノーが収集した重力測定値は，その答えを提供しようとしている．ジュノーの科学チームにとって，この結果は驚きでもあった．木星の気象層ははるかに深く，より深く広がっていることが示されたためだ．木星の気象層は，最上部から 3,000 km の深さまで，木星の質量の約 1%（約 3 つの地球質量）を含んでいる．さらに別のジュノーの結果は，気象層の下の木星内部がほぼ剛体として回転することを示唆している．

木星赤外線オーロラマッパー（JIRAM）は，木星の雲の上から 50 ～ 70 km までの気象層を探査する．木星の極は，木星の縞模様を作る帯と縞とは対照的だ．北極は，直径 4,000 ～ 4,600 km の直径の 8 つのサイクロンに囲まれた中央サイクロンによって支配されている．木星の南極にも中央サイクロンが含まれているのだが，南極の場合は 5,600 ～ 7,000 km の 5 つのサイクロンに囲まれている．これらは秒速 100 m にもなる非常に激しい風が吹いている．そしておそらく最も驚くべきことに，それらは非常に接近しており，永続的である．太陽系には他にないものだ．両極のほぼすべての極サイクロンは非常に密集しているため，らせん状の腕が隣接するサイクロンと接触している．

これらの発見は，木星の内部構造，コア質量，そして最終的にはその起源の理解へと進むだろう．

図 5-25　この画像は，ある瞬間における木星の磁場を示している．

木星の北極と南極を結ぶ磁力線の中に，赤道近くに磁場が集中する青いスポットは，特に際立っている．灰色の線（フィールドラインと呼ばれる）は，空間における磁場の方向を示し，色の濃さは磁場の強さに対応する（それぞれ，強い正と強い負のフィールドを持つ領域では濃い赤と濃い青）

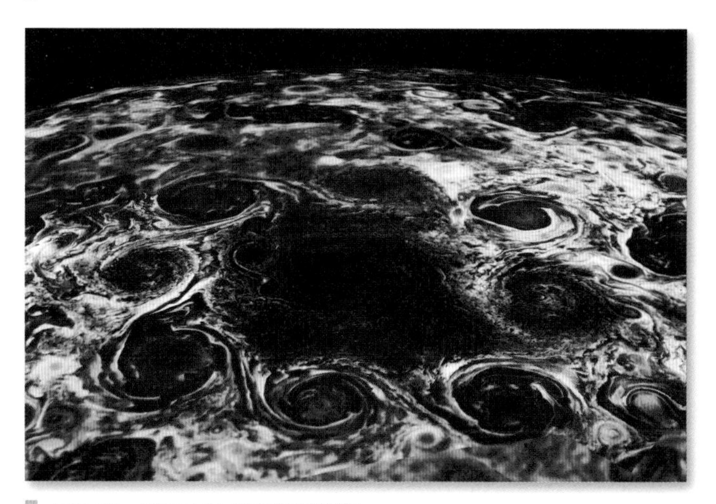

図 5-26　北極の巨大なうず巻き構造．

木星へのNASAのジュノーミッションで木星赤外線オーロラマッパー（JIRAM）機器によって収集されたデータから得られた合成画像，惑星の北極の中央サイクロンとそれを囲む８つのサイクロンを示している．JIRAMはデータを赤外線で収集し，この合成の色は放射熱を表す：明るい雲は−13℃の温度で，暗赤色の雲は−83℃．

 → p.187

5-6 土星探査機「カッシーニ・ホイヘンス」

カッシーニ・ホイヘンスミッションは，衛星タイタンに特に重点を置いて，リングや衛星を含む土星システムを探索するように設計された．

主な目的は，太陽が土星の赤道面を横切る間，土星システムを観察することだった．土星上の太陽高度の変化によって引き起こされる土星の冬至から夏至に至る季節変化の監視である．

カッシーニ・ホイヘンスは 1997 年 10 月 15 日に巨大なタイタン IVB/ケンタウロスで打ち上げられた．既存の打ち上げロケットは 5.6 トンの探査機を直接土星に送ることができなかったため，「スイングバイ」技術が多用された．

カッシーニ・ホイヘンスは，4 回のスイングバイを行った．操作は，金星（1998 年 4 月），金星（1999 年 6 月），地球（1999 年 8 月），および木星（2000 年 12 月）で，これによって 2004 年 7 月 1 日に土星周回軌道に入った．

図 5-27 土星探査機「カッシーニ・ホイヘンス」（想像図）．
©NASA/JPL

図 5-28　1997 年 10 月 15 日にタイタン IVB/ ケンタウロスロケットで打ち上げられた.
©NASA

カッシーニ・ホイヘンスの使命は以下のとおり.

- 土星が太陽光から吸収するエネルギーよりも 87%多くのエネルギーを生成する土星内部の熱源は何か.
- 土星のリングの起源は何か.
- リングの微妙な色はどこから来たのか.
- 未発見の衛星の探査.
- エンケラドスが異常に滑らかな表面を持っているのはなぜか.
- 主な衛星の片側を覆う暗い有機物質の起源は何か.
- タイタンの大気でどのような化学反応が起こっているか.
- タイタンの大気中に非常に豊富な，地球上の生物活動に関連する化合物でもあるメタンの源は何か.
- タイタンに海はあるか.
- 複雑な有機化合物を合成する環境がタイタンに存在するか.

土星系への歴史的任務中に可能な限り多くの科学データを収集するために，カッシーニ・ホイヘンスには18の計器が搭載され，うち12機器がカッシーニに，6機器がホイヘンス・プローブに搭載された．

これらの高度な機器の多くは複数の機能を備えており，それらが収集したデータは世界中の科学者によって研究されている．

カッシーニに搭載された12の測定器は以下の通り．

- **カッシーニプラズマスペクトロメーター（CAPS）**：土星の磁場内およびその近くのプラズマ（高イオン化ガス）を探索する．タイタンが一時的に土星の磁気圏外にある時，太陽風が覆っていることを発見した．長期にわたる大気損失に関連するプロセスを理解するのに役立つという．
- **コスミック・ダスト・アナライザー（CDA）**：土星システム内およびその近くの氷とチリの粒子を研究する．CDAによって収集された粒子の大部分はエンケラドスから発生したものだが，太陽系外の星間塵粒子もサンプリングした．また，土星環境から逃げる高速粒子を測定した．それは非常に高速（数百 km / s）で移動するナノメートルサイズのケイ酸塩粒子のストリームであることが発見された．
- **複合赤外線分光計（CIRS）**：土星とその衛星の表面，大気，リングからの赤外線エネルギーを測定して，温度と組成を調べる．南極上約400 kmの高度に巨大な−148°Cの渦が形成されていること．タイタンが急激な季節変化を起こすことが発見された．
- **イオンおよび中性質量分析計（INMS）**：タイタンの上層大気と土星の磁気圏や太陽風との相互作用を調査する．エンケラドスのプルーム内の水素ガスを明らかにし，シリケイトと温水との反応を調査した．その結果はエンケラドスの地下海の存在の証拠を示している．
- **Imaging maging Science Subsystem（ISS）**：可視光，近紫外光，近赤外光で写真を撮る．
- **Dual-Technique Magnetometer（MAG）**：土星の磁場と太陽風，土星の環，衛星との相互作用を調べる．
- **磁気圏イメージング装置（MIMI）**：土星の磁気圏を撮像し，磁気圏と太陽風（太陽から流れ出るイオン化ガスの流れ）との相互作用を測定する．

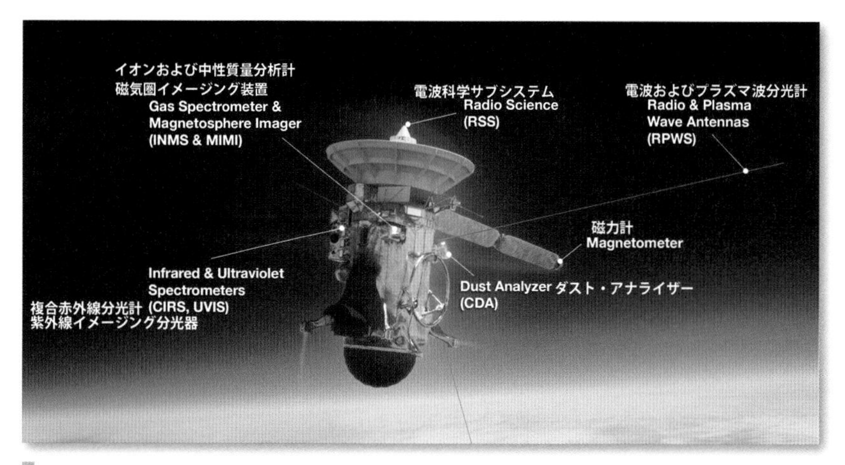

図 5-29　カッシーニ・ホイヘンスは，27 種類の科学調査に対応した探査機.
カッシーニオービターにはこの画像に表示された 8 つの機器以外に全部で 12 の機器があり，ホイヘンス・プローブには 6 つの機器が搭載された.
©NASA/JPL-Caltech

図 5-30　2005 年 1 月 14 日にホイヘンス・プローブから送られた画像とデータに基づく，ホイヘンス着陸地点周辺のタイタンの地表付近の想像図.
©ESA

- **カッシーニレーダー**：レーダーイメージャーを使用して，もやがかかっていてよく見通せないタイタンの表面をマッピングする．表面形状の高さも測定する．
- **電波およびプラズマ波分光計（RPWS）**：プラズマ波（太陽から流れ出るイオン化ガスまたは土星を周回することによって生成される），電波エネルギーの自然放出，およびダストを調べる．
- **電波科学サブシステム（RSS）**：探査機から送信される電波が重力による変化を測定することにより，土星とその衛星の大気，リングの重力場を調べる．
- **紫外線イメージング分光器（UVIS）**：大気とリングからの紫外線エネルギーを測定して，それらの構造，化学組成を研究する．
- **可視および赤外線マッピング分光計（VIMS）**：放射または反射される可視光と赤外線エネルギーの波長を測定することにより，土星と衛星の表面，大気，リングの化学組成を特定する．

ホイヘンス・プローブに搭載された６つの観測機器は次のとおり．

- **エアロゾルコレクターおよびパイロライザー（ACP）**：化学組成分析のためにエアロゾルを収集する．
- **Descent Imager / Spectral Radiometer（DISR）**：画像を取得し，広いスペクトル範囲をカバーするセンサーによりスペクトル測定を行う．
- **ドップラー風実験（DWE）**：無線信号を使用して大気の特性を推定する．タイタンの大気中の風によって引き起こされたプローブの姿勢の変化によって，キャリア信号に測定可能なドップラーシフトが記録された．
- **ガスクロマトグラフおよび質量分析計（GCMS）**：さまざまな大気成分を特定および定量するために設計された汎用性の高いガス化学分析装置．
- **Huygens Atmosphere Structure Instrument（HASI）**：大気の物理的および電気的特性を測定するセンサーと，タイタンから音を送り返すオンボードマイクで構成されていた．
- **表面科学パッケージ（SSP）**：衝撃部位の表面の物理的特性を決定し，その組成に関する固有の情報を提供するための一連のセンサー．

2004 年 12 月 25 日，ホイヘンスはオービターから分離され，2005 年 1 月 14 日に土星の衛星タイタンに到達し，4 分以内に直径 8.5 m のメイ

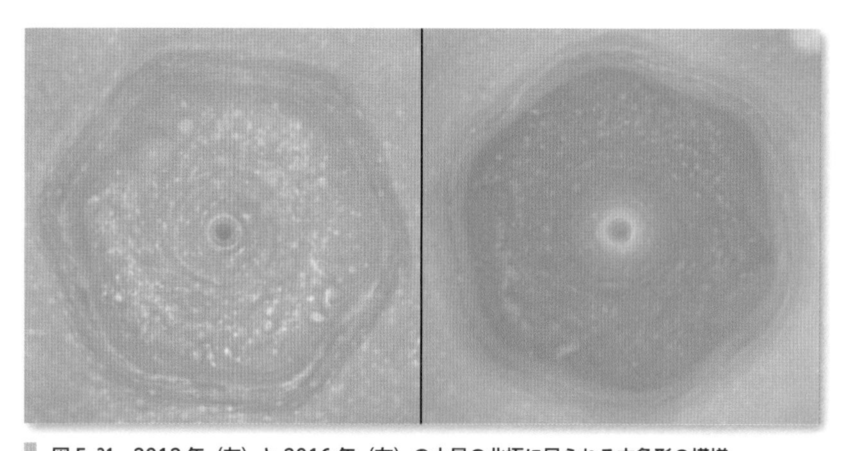

図 5-31　2012 年（左）と 2016 年（右）の土星の北極に見られる六角形の模様.
速度が異なる 2 つの極周回の気流の乱流領域に形成された．2012 ～ 2016 年の間に，六角形はほとんど青色からより黄金色に変化した．
©NASA etc. → p.187

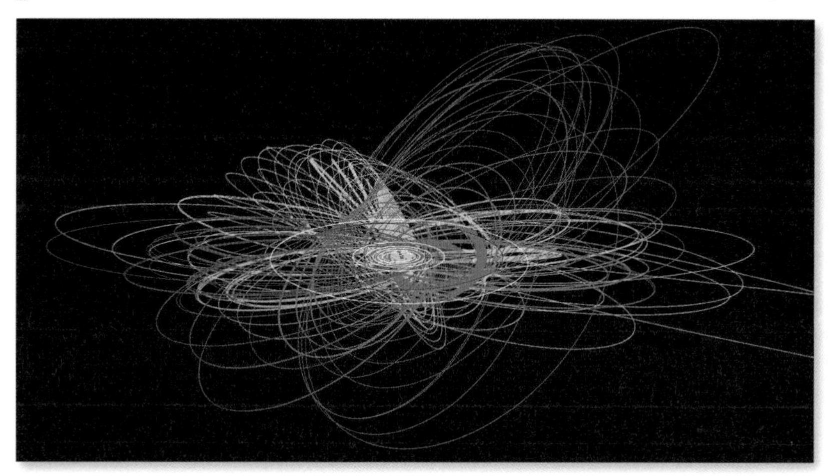

図 5-32　カッシーニの全軌道図.
2008 年に完了したカッシーニの主要任務は緑色．Equinox Mission と呼ばれ，2010 年に終了した最初のミッション拡張はオレンジ色．Solstice Mission として知られる 2 番目のミッション拡張は紫色で表示．2012 年 10 月 15 日のカッシーニの打ち上げ 15 周年後の軌道は，濃い灰色で表示されている．
©NASA/JPL-Caltech

ンパラシュートを展開した．1分後，ホイヘンスは2時間以上にわたって豊富な情報をカッシーニに送信し，毎秒 4.5 m の速度でタイタンの表面に着陸した．これは木星より外側の太陽系で達成された最初の着陸だった．

ホイヘンスは，地平線下に飛び去ったカッシーニとの通信が失われるまで，着陸後さらに72分間送信し続けた．送信されたデータは，科学者にとって，タイタンという惑星サイズの衛星からの，その場測定のユニークな情報を提供した．

5-7 さよならカッシーニ──グランドフィナーレ

1997年からほぼ20年間，惑星探査機「カッシーニ」は宇宙空間にいた．2010年に開始された7年間の拡大ミッションでは，土星とその衛星タイタンの季節変化のさらなる観測が行われた．

このミッションは土星システムをできるだけ長く探索し，最終的に土星の大気でミッションを完了するために，残りの燃料をすべて消費する必要があった．2017年4月からの5か月間は，探査機として初めて土星のリングと上層大気の間を直接22回まわり，これまで以上に土星に接近し，印象的な画像を地球に送った．コースの調整と位置合わせに必要な燃料は，ほぼ完全に使い果たされた．この後，カッシーニは土星に突入して燃え尽きることになる．このままにしておくと土星の周回軌道をまわり続けるが，制御不能になったカッシーニが，エンケラドスかタイタンに墜落し，探査機に付着した地球の生物あるいは生物由来の物質で衛星を汚染することも考えられる．この2つの衛星には生命を構成する成分の起源である，複雑な有機物を合成する環境条件が存在する可能性があるのだ．

カッシーニは，最終軌道操作で土星への突入軌道に乗った．

最終的に，2017年9月15日，カッシーニは再び巨大な土星に接近し，小型の姿勢制御スラスタがメインアンテナを地球に向けることができる限り，科学データを送信した．大気圏に突入してからもまもなく，カッシーニは流星のように燃え尽きていった．

図 5-33　2017 年 4 月，カッシーニは，20 年にわたる探検のグランドフィナーレを描き始めた．4 月 22 日，タイタンへの接近飛行で，スイングバイを使用してカッシーニの軌道を土星とリングとの間を通過するようにした．以後約 5 か月にわたり 22 回の通過を実行した．
©NASA/Jet Propulsion Laboratory-Caltech/Erick Sturm

図 5-34　9 月 9 日，カッシーニは土星突入軌道への変更のため，タイタンをかすめるルートを通り，9 月 15 日，7 つのセンサー類をフル稼働し，リアルタイムにデータを送信しながら土星に突入した．
©NASA/JPL-Caltech

Column 5

ジュノーに乗った３人の旅人たち

木星探査機「ジュノー」は３人の小さな乗客を乗せている．ローマの神ジュピター（ゼウス），彼の妻ジュノー（ヘラ）そしてイタリアの天文学者ガリレオ・ガリレイのレゴ人形である．

これらはNASAとレゴグループ間のBricks in Spaceアウトリーチプログラムの一環として，３つの人形がジュノーに設置された．彼らの目的は，科学，技術，工学，数学の分野で子どもたちの興味を促すことだ．

それぞれの神と人物は，木星との関係を表している．写真左からジュピター（ゼウス）はギリシャ・ローマの天空と雷の神，稲妻を持つ．彼は自分の周りに雲のベールを張り巡らせ隠れている．ジュピターの妻のジュノーは真実を探求する虫眼鏡を持ち，雲の切れ間からジュピターの様子を覗き込む．彼女だけがジュピターの本質を知ることができた．ガリレオは，1610年に木星の４つの衛星を発見した．彼は天体観測のために空に望遠鏡を向けた最初の人物であり，望遠鏡と地球を持っている．

これらは特殊なアルミニウムで作られており，他の科学機器と同様の方法で宇宙船に適合するすべてのテストが実施された．

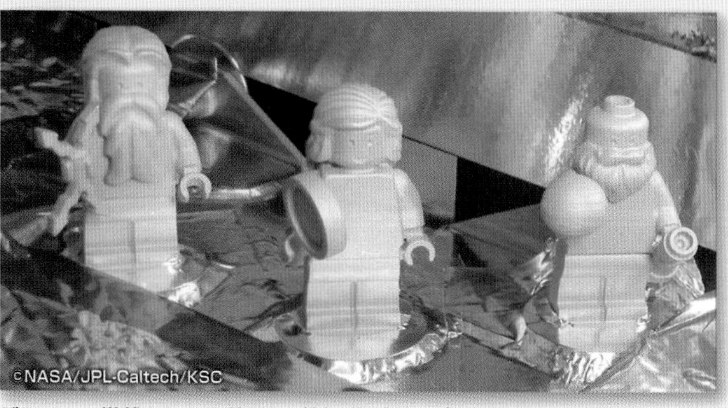

ジュノーに搭載された３体のレゴ製の像（ジュピター，ジュノー，ガリレオ・ガリレイ）

第6章

巨大ガス惑星の形成をたどる

太陽系には，太陽に近い領域に岩石惑星，離れた領域に巨大ガス惑星，さらに離れて巨大氷惑星，という配列が見られる．このような配列はどのような過程を経て形成されたのだろう．最近観測が進む太陽系外惑星系で，太陽系のような配列は普通に存在するものなのだろうか．それとも太陽系にしか見られない特異なシステムなのだろうか．この章では，木星，土星の形成を考えるうえで，太陽系を形成する他の惑星たちとの違いがどのような過程でできてきたのか，現在考えられているシナリオを見ていくことにする．

表 6-1　太陽系の惑星の種類

惑星種	地球型惑星	木星型惑星	天王星型惑星
別　名	岩石惑星	巨大ガス惑星	巨大氷惑星
惑星名	水星　金星　地球　火星	木星　土星	天王星　海王星

6-1 太陽系形成の標準モデル（京都モデル）

1970 年代～ 1980 年代に，林忠四郎博士を中心とした京都大学の研究グループが，暗黒星雲からの恒星と惑星形成を理論的組織的に研究し，現実的な太陽系形成シナリオを組み立てた．その成果が太陽系形成の標準的なシナリオ，「京都モデル」である（図 6-2）．

京都モデルの基本的な考え方は以下のとおり．

1. **円盤形成**：星間分子が自己重力で収縮し，中心星である原始太陽が誕生し，それをとりまいて回転する，赤道面からの厚さが内側ほど薄い円盤状で質量が原始太陽の 100 分の 1 程度の「原始太陽系円盤」が生まれる．
2. **微惑星の形成**：円盤の中では固体微粒子（ダスト）が，分子間力で相互に吸着成長しながら円盤の赤道面に薄く沈殿するダスト層ができ，ある濃度に達すると重力的に引き合って分裂し，サイズが数 km ～ 10 km 前後の「微惑星」を，無数に生成する．

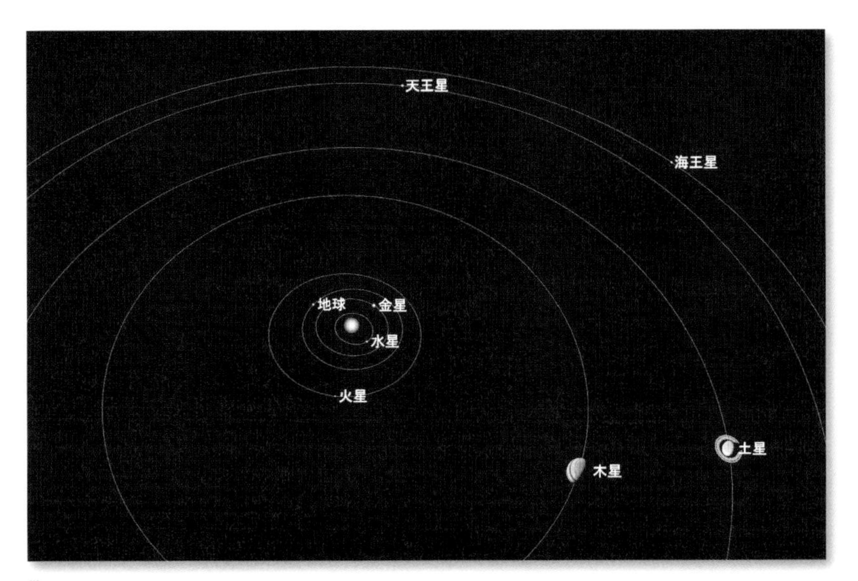

図 6-1　太陽系の 8 惑星.
太陽に近い順に，水星，金星，地球，火星．やや離れて木星，土星，天王星，海王星．太陽中心のほぼ円軌道を描く．さらに惑星軌道は黄道面（地球の軌道面）からの軌道傾斜が最大 7 度（水星），という平面に近い軌道面をまわる．
©StellaNavigator11/AstroArts

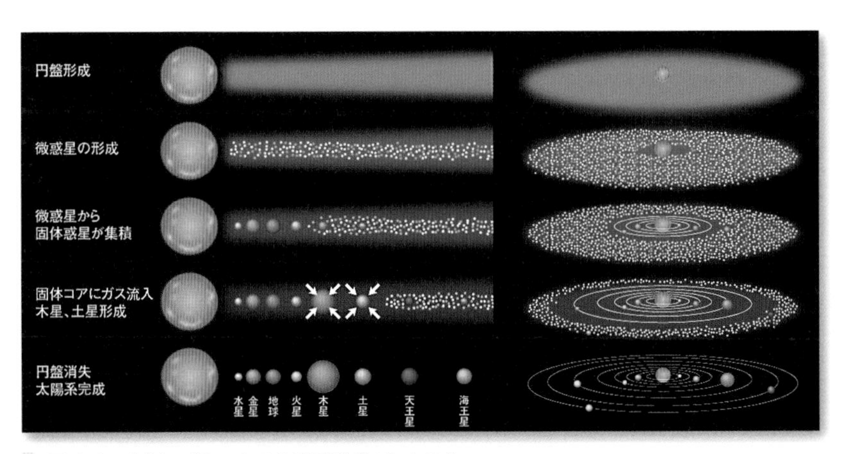

図 6-2　京都モデルによる太陽系形成のシナリオ.
円盤形成から消失まで 1,000 万年程度．円盤の大きさは，数十～数百天文単位，円盤の質量は中心星の 100 分の 1 程度．
© 理科年表オフィシャルサイト（国立天文台・丸善出版）

3. **原始惑星**：微惑星は重力で相互に引き合い，衝突合体を繰り返して，直径 1,000 km 前後の「原始惑星」に成長する．
4. **惑星形成**：近傍の原始惑星との合体，重力による跳ね飛ばしなどで公転軌道ごとに整理され，その領域で最も支配的な原始惑星が急激に成長（寡占的成長）して，現在の惑星になった．最も大きな木星と土星は円盤ガスを暴走集積し巨大ガス惑星に成長した．この間に円盤内のガスは中心の原始太陽に落ちるか，外部に散逸した．

図 6-2 の各段階では，分子雲からの惑星形成は，太陽系の内側では数百万年～1 千万年，外側でも 1 億年程度の時間スケールで進行する．これは観測からもほぼ支持される数値である．

京都モデルの特徴は円盤中の固体微粒子が凝縮成長して固体惑星あるいはその内部コアを形成する凝集の過程にある，といえる．

6-2 巨大ガス惑星の形成

京都モデルでは，太陽系形成の分子雲から現在 8 個ある惑星が大きな移動を伴うことなく，形成してきたことを説明しているが，その後の観測技術の向上や新しい観測方法の開発によって，分子雲の中で恒星と惑星系が誕生する現場をかなり正確にとらえることができるようになってきた．例えば，南米チリのアタカマ砂漠に設置された電波望遠鏡 ALMA（アタカマ大型ミリ波サブミリ波干渉計）が，光では見えなかった原始恒星系円盤を電波で撮影したところ，多くが同心円状に分かれた姿がとらえられた(図 6-3)．さらに，コンピュータ・シミュレーションによって分子雲の中でチリがキロメートルサイズの微惑星に成長し，微惑星が互いの重力で合体成長して直径 1,000 km サイズの原始惑星になるという過程は，大きな微惑星ほど加速度的に成長する暴走的成長が進むことがわかってきた．微惑星から原始惑星への成長時間も 100 万年～ 1000 万年と短い時間で進むことがわかってきた．

分子雲中のチリについては，ケイ酸塩を主体とした小さな砂粒，といっ

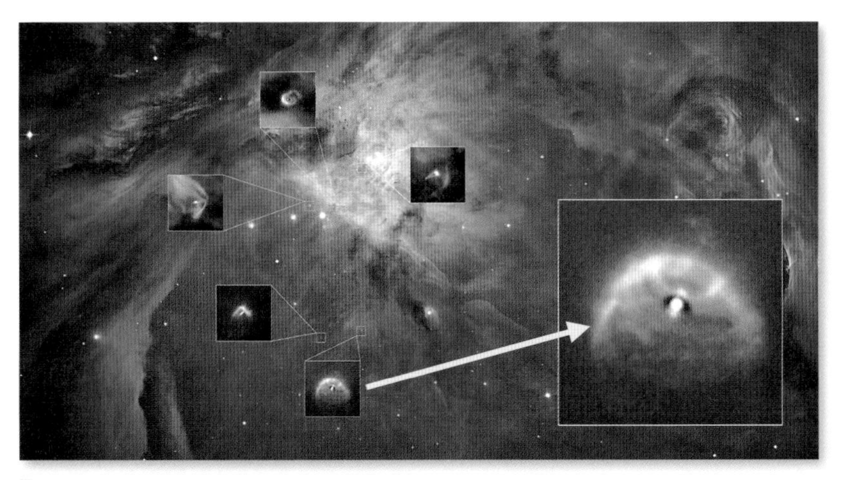

図 6-3　ハッブル宇宙望遠鏡が撮影したオリオン大星雲の中の原始惑星系円盤.
矢印の先の黒い部分が，赤ん坊の星を囲む惑星形成のガスとチリのディスクと見られる.
©NASA etc. → p.187

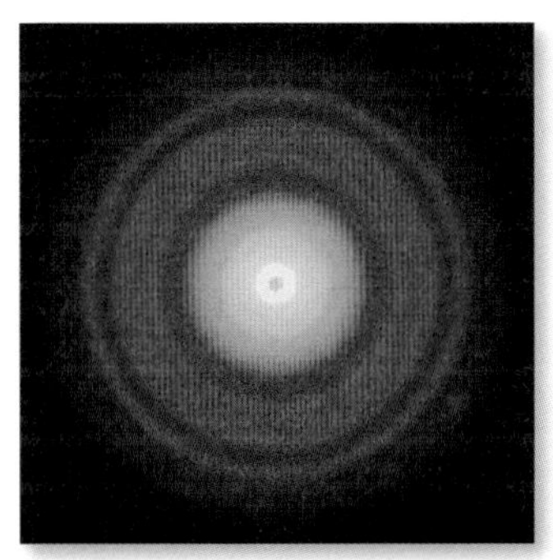

図 6-4　ALMA で観測した若い星うみへび座 TW 星を取り巻く原始惑星系円盤.
一番内側のスジ状の隙間は中心星から 22au の距離で，その中に惑星が存在する可能性が高い.
©ALMA (ESO/NAOJ/NRAO), Tsukagoshi et al.

図 6-5　うみへび座 TW 星の惑星の想像図.
隙間にある惑星は，海王星より少し重いくらいの巨大氷惑星である可能性が高いと考えられている．うみへび座 TW 星は年齢およそ 1000 万歳の若い恒星で，原始惑星系円盤が周りを取り巻く．地球から 175 光年ほどの距離にある.　©NAOJ

たイメージがあるが，中心星からある程度離れた場所では，氷の粒子も惑星形成に大きな影響があると考えられる．太陽型の恒星の場合，木星軌道あたりより内側の円盤内には氷粒子は蒸発してしまい存在できない．その境界を，雪線（スノーライン）と呼ぶ．この境界線より内側での惑星形成はケイ酸塩粒子主体の岩石惑星となる．境界線より外側では大量の氷粒子がケイ酸塩粒子と一緒に地球質量をはるかに超える大きな原始惑星のコアを形成する．こうした原始惑星は強い重力で周囲のガスを暴走的に集め，短時間で巨大化していくと考えられる．これが木星であり，土星となった．太陽からもっと遠くで形成された天王星，海王星では原始惑星のコア形成に時間がかかり，原始太陽系円盤にガスが残っていなかった．そのため，大きな氷惑星として成長が止まった．

天王星，海王星が形成にかかる時間だが，その形成過程はまだ謎が多い．計算では，現在の大きさになるには 100 億年くらいかかる，という結果が出ている．計算上では太陽系が形成されてから 46 億年経つ現在でもまだ出来上がっていないことになるのだ．

また，木星より内側の岩石惑星についても，太陽から離れるにしたがって，大きな質量の惑星が形成されると考えられ，実際に水星，金星，地球順に大きくなっている．計算上は火星軌道上に地球程度の惑星が形成されていてもおかしくはないという．そこで火星は地球の 10 分の 1 というのは小さすぎることが指摘されている．さらに火星の外側に存在する小惑星帯と呼ばれる地帯では，木星の強い重力によって惑星となる最終段階を阻まれ，微惑星は単一の惑星を形成することができずにそのまま太陽の周りをまわり続けたとされている．小惑星帯は原始太陽系の名残であると考えることができるが，すべての小惑星を集めても地球の 3500 分の 1 程度の質量とされ，あまりに少ないのだ．

6-3 多様な太陽系外惑星

1995 年，ペガスス座に初めて恒星の周りをまわる惑星，太陽系外惑星が発見された．その惑星は，太陽系の惑星とはとんでもなく違ったものだっ

図 6-6　太陽系の惑星たちの大きさの比較.

太陽に近い 4 つの惑星が地球型の岩石惑星．水星が最も小さく，火星，金星，地球の順に大きくなる．岩石惑星は密度が 3.9 ～ 5.5 と大きい．太陽から 5，6 番目に位置する木星と土星が巨大ガス惑星．質量はそれぞれ地球の 318 倍と 95 倍だが，密度は 1.3, 0.7 であり，太陽から 7, 8 番目の天王星と海王星は巨大氷惑星で，質量は地球の 14 倍，17 倍と大きいが，密度は 1.3，1.6 と小さい．中でも土星の密度は目立って小さい．　©NASA/JPL

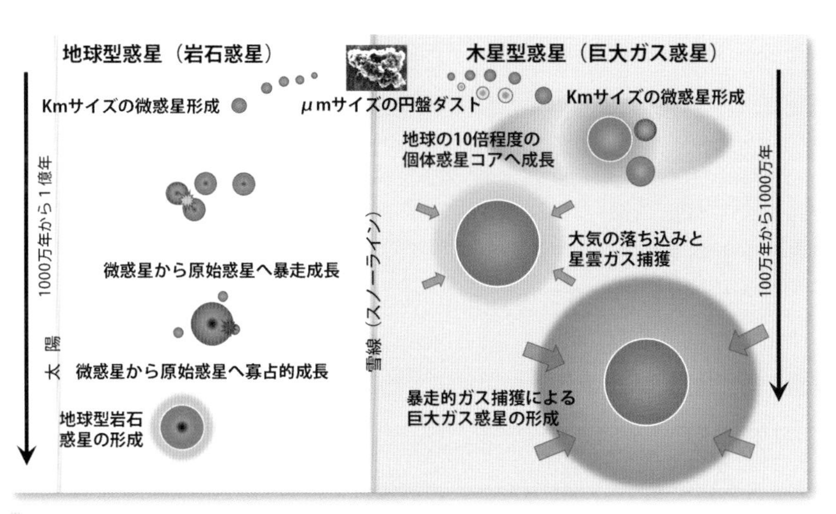

図 6-7　地球型（岩石）惑星と木星型（巨大ガス）惑星の形成プロセス.

太陽（中心星）近くの原始惑星系円盤は高温のため金属や鉱物の粒子が微惑星を形成する．雪線以遠では低温で氷粒子と岩石粒子が混ざった微惑星となり，急速に成長巨大化する．

た．太陽から 50 光年離れた，太陽とほぼ同じ大きさのペガスス座 51 番星の周り約 800 万 km（0.052 au）離れたほぼ円軌道上を，4.23 日でまわる木星の半分の質量で大きさは 2 倍ほどの巨大なガス惑星だった．表面温度は 1,000 度と推定され，それをホットジュピターと呼ぶようになった．それはなぜそんなに恒星に近いのか，そして巨大ガス惑星なのか，驚かされた．その後も発見が相次ぎ，中には太陽系のように多くの惑星がまわるシステムも見つかってきた．以後見つかった惑星は，主恒星に近いもの，楕円軌道のもの，公転軌道の傾斜が大きなもの，など標準モデルでは説明のつかないようなものが多数発見されていた．これらのことから，惑星ははじめに誕生したところをほぼ円軌道でまわり続けているという考えから，「動く」ということが意識されるようになった．つまり，惑星が形成される際，あるいは形成されてから，何らかの事情で軌道が大きく変わることが当たり前にあるということだ．では，太陽系はどうだったのか．

太陽系の形成過程でも動いたと考えると，標準モデルでは説明のつかないいくつかのことを説明できるという考えが出てきた．

6-4 ニースモデルとグランドタックモデル ——木星・土星の大移動説

ニースモデルは，フランスのニースにあるコートダジュール天文台で主に開発されたため，「ニース」モデルと呼ばれる．英語のナイス（良い）という意味もある．

グランドタックモデル「Grand Tack」の Tack とは，航海用語で「風上に進む船首の向きを変える（U-turn する）」を意味する．木星が移動方向を変える U-turn が Tack に対応する，という意味で使われている．どちらもスーパーコンピュータのシミュレーション結果をもとにしている．

ニースモデルは，太陽系形成から 5 ～ 7 億年後に巨大惑星の軌道の力学的進化が太陽系に大きな変動をもたらしたという内容である．4 つの巨大惑星（木星，土星，天王星，海王星）は，およそ 5.5 ～ 17au の，現在よりもずっと狭い範囲に円軌道で存在していた．天王星，海王星の位置は，

図 6-8　ペガスス座 51 番星の惑星軌道.

太陽系に当てはめると，太陽に最も近い水星の軌道よりかなり内側であることがわかる．左図はホットジュピターと呼ばれる木星の 2 倍（直径）の惑星の想像図．

©StellaNavigator11/AstroArts（上）
©ESO/M. Kornmesser/Nick Risinger（左）

図 6-9　惑星系のある世界（想像図）.

惑星系はどの星にも見られる光景にちがいない．

©ESO/M. Kornmesser

海王星の軌道のほうが内側だったという計算結果も出ている．また，最も外側の巨大惑星の軌道から 35 au 程度までにわたる，総質量が地球質量のおよそ 35 倍になる小さい岩石と氷の微惑星の高密度な大きな円盤が存在していたとした．4 つの巨大惑星形成後，木星は土星を外側に移動させた．土星は天王星と海王星の軌道を変化させ，海王星は外側の微惑星の円盤に入り，ほとんどの微惑星を散乱させた．その一部は太陽系の内側へと軌道を変え，地球型惑星への天体衝突の突然の増加を引き起こした．これが後期重爆撃期の原因であるとされる．

グランドタックモデルは木星･土星の大移動説である．アメリカ，メリーランド州グリーンベルトにある NASA のゴダード宇宙飛行センターを含む国際チームによって開発された，初期の太陽系の新しいモデルに基づいている．この作業は，2011 年 6 月 5 日に「Nature」に投稿された論文で報告されている．

「この論文の大きなテーマは木星が太陽に向かって移動し，その後停止し向きを変え，外側に移動することであるため，木星の経路をグランドタックと呼ぶ.」と著者であるサウスウエスト研究所のケビン・ウォルシュは言う．

グランドタックモデルの考え方は以下のとおり．

1. **木星，土星の形成**：太陽系形成開始から 500 万年頃，木星は地球－太陽間の約 3.5 倍（3.5 au）離れた場所に形成された．遅れて土星が形成された．
2. **木星の移動**：当時，まだ大量のガスが太陽の周りを渦巻いていたため，巨大ガス惑星の木星は流れるガスの流れに巻き込まれ，太陽に向かって引っ張られ始めた．
3. **土星の移動**：木星は，約 1.5 au（火星軌道付近）の距離にまで，内側にゆっくりとらせん状に回転しながら移動した（火星はまだ形成前でそこになかった）．木星より後で形成された土星も木星の後を追い，2 つの巨大な惑星が互いに十分に接近すると，木星と土星は軌道共鳴を起こし，木星の移動は止まった．
4. **反転**：やがて木星と土星は引き返し，現在の軌道に落ち着いた．NASA ゴダードの惑星科学者で論文の共著者であるアビ・マンデルは,「木星は土星のために太陽への移動を止めたと理論付けている」と述べた．この結果，現在よりも太陽に近い位置で形成された天王星，海王星はより遠い，現在の軌道へと移動した．

5. **地球型惑星の形成**：火星が地球の10分の1と小さい理由は，木星が火星形成にかかわる原始惑星を散らしてしまったため，原始惑星サイズのままで成長が止まってしまった．

ニースモデル，グランドタックモデルという一種の離れ業が太陽系の現在の姿を完全に説明できているかというと，まだ問題点は残されている．しかし，地上と宇宙の望遠鏡による観測，探査機によるその場での探査，スーパーコンピュータによるシミュレーションにより，着実に理解は深まっている．

太陽系で最も早く形成が進んだ木星と土星が，どこで形成されて今の軌道に落ち着いたのか，太陽系の他の天体とどのような影響を与えあったのか，誕生からさまざまな軌道への変遷が解明される日を楽しみに待つことにしたい．

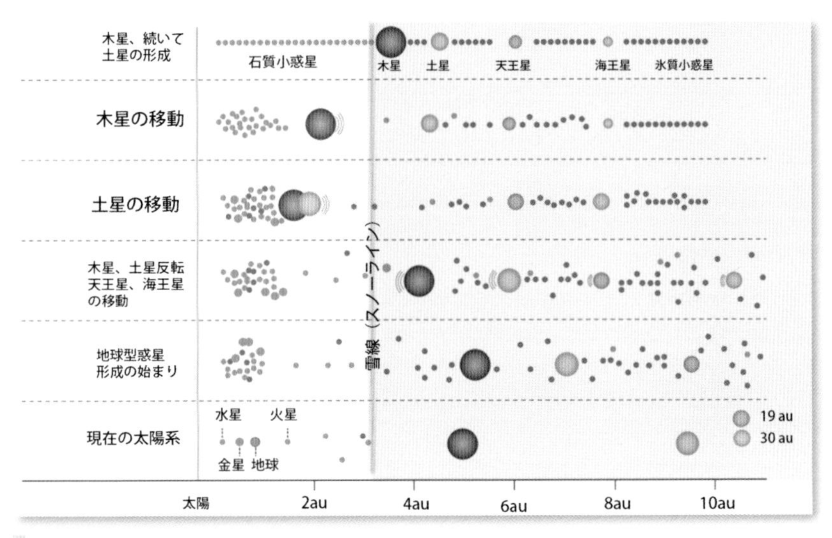

図 6-10　グランドタックモデル．
横軸は太陽からの距離を表す．縦軸は上から下に太陽系形成時からの時間変化．イベントごとに切り分けてあるが，スノーラインのすぐ外側での木星形成からグランドタック終了までの時間は，50～60万年程度の時間だったと考えられている．

Column 6

系外惑星の発見と探査

1995 年，ジュネーブ天文台の 2 m 望遠鏡によるミシェル・マイヨール博士とディディエ・ケロー博士が発見した，ペガスス座 51 番星をまわる惑星の発見は天文学において太陽系外惑星科学の夜明けを開いたといえる．この功績により 2019 年のノーベル物理学賞が授与された．

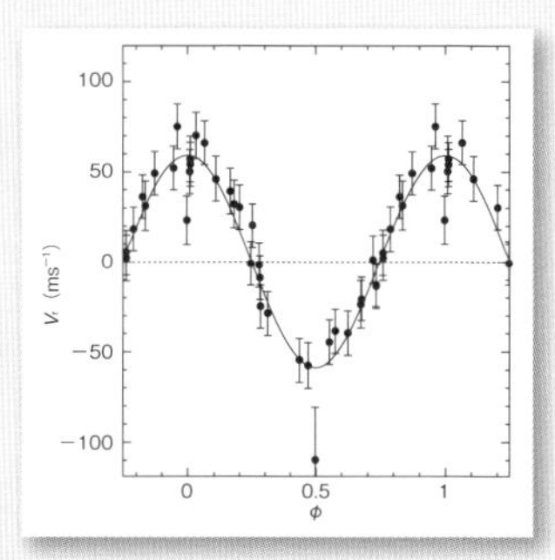

51PegA の動径速度曲線.
(Jupiter-mass companion to a solar-type star Michel Mayor Be Didier Queloz より)

2 人は分光器を使用して，ドップラーシフトによる近接連星などの探査を行っていたが，太陽と同じような大きさの星の一つとして，ペガスス座 51 番星の光のスペクトルに小さなゆらぎを検出した．そしてこの変動が同星から 690 万 km 離れた軌道を周回する，大きな惑星の重力によってペガスス座 51 番星の動きが引き起こされていることを見出した．後に「51Pegasi b」と名付けられたその太陽系外惑星は木星の 0.45 倍の質量を持つ巨大ガス惑星であり，その公転周期はわずか 4.2 日であった．これは「観測で見つかりやすい巨大惑星は公転周期が年単位の長さである」，という京都モデルのような惑星系形成理論からは考えられないことであった．いったいどのようにして，木星のような巨大ガス惑星が中心星のごく近くで形成されるのか，実に不思議だった．

以後，他の系外惑星でも「ホットジュピター」の発見が続いた．その後，探査方法もドップラーシフト法，恒星の光度変化を利用したトランジット法，重力レンズ法などにより多様な惑星が発見された．特に 2009 年に NASA により打ち上げられた，トランジット法により地球型惑星を探査するケプラー衛星が，13 か月の観測で 1000 個以上の惑星候補を発見した．系外惑星は 2019 年現在，4000 個を超える数になっている．

参考文献・参考図書

第1章

- GREEK MYTHOLOGY，Sofia Souli, Michael Lacenere, TECHNI S.A., 1998
- 原　恵著：『星座の神話―星座史と星名の意味―』（恒星社厚生閣，1996）
- THE NATIONAL MUSEUM, ATHENS, National archeological Museum of Arhens, 1996

第2章

- 国立天文台編：『理科年表　平成 31 年』（丸善出版，2018）
- Ole Roemer and the Speed of Light
  https://www.amnh.org/learn-teach/curriculum-collections/cosmic-horizons-book/ole-roemer-speed-of-light
- ステラナビゲータ 11：AstroArts 社，2019
- SURVEY OF ASTRONOMY LABORATORY: Jupiter's Satellites, Joshua E. Barnes, Astronomy 110L, University of Hawaii, 2003
- THE GRAVITY FIELD OF THE SATURNIAN SYSTEM: R. A. Jacobson et. al., The Astronomical Journal, 2006

第3章

- Andrew P. Ingersoll, The Meteorology of Jupiter, Jupiter Meteorology, Scientific American, 0376-46, 1976
- 鳫　宏道・澤村泰彦著：『星空博物館　太陽系の天体たち』（平塚市博物館，2003）
- 堀　安範著：「ガス惑星本体の形成過程と内部組成」（衛星系形成小研究会，2012）
- 井田　茂著：『惑星学が解いた宇宙の謎』（洋泉社，2002）
- 井田　茂・中本泰史著：『ここまでわかった新・太陽系』サイエンス・アイ新書（SB クリエイティブ，2009）
- Jupiter, NASA Planetary Science Division
  https://solarsystem.nasa.gov/planets/jupiter/in-depth/
- 小久保英一郎著：「最新　太陽系の作り方」，理科年表オフィシャルサイト，（国立天文台），丸善出版，2007
- 松田佳久・高橋芳幸他著：「惑星気象学の近年の展開」日本気象学会誌「天気」54．2.，（日本気象学会，2007）
- 中島健介著：「木星の気象学」天文月報，国立天文台，2005
- 中沢　清編：『現代天文学講座３　太陽系の構造と起源』（恒星社厚生閣，1979）
- Saturn, NASA Planetary Science Division
  https://solarsystem.nasa.gov/planets/saturn/in-depth/NASA, 2019
- 杉山耕一朗・中島健介他著：「木星の大気構造と雲対流」日本惑星科学会誌，Vol. 21, No. 1, 2012，（日本惑星科学会，2012）
- 渡部潤一著：『彗星の木星衝突を追って』（誠文堂新光社，1995）
- 渡部潤一監：『アマチュアのための太陽系天文学―観測から研究発表まで』（シュプリンガー・

フェアラーク東京，1995）
■ 渡部潤一・井田　茂・佐々木晶編：『シリーズ現代の天文学 9：太陽系と惑星』（日本評論社，2009）
■ 吉岡一男・海部宣男著：『改訂版　太陽系の科学』（放送大学教育振興会，2014）

第 4 章

■ Callisto, NASA Planetary Science Division
https://solarsystem.nasa.gov/moons/jupiter-moons/callisto/overview/
■ CELEBRATING EUROPE'S SCIENCE HIGHLIGHTS WITH CASSINI, ESA
http://www.esa.int/Science_Exploration/Space_Science/Cassini-Huygens
■ Dione, NASA Planetary Science Division
https://solarsystem.nasa.gov/moons/saturn-moons/dione/in-depth/
■ Enceladus, NASA Planetary Science Division
https://solarsystem.nasa.gov/moons/saturn-moons/enceladus/in-depth
■ Europa Ocean Moon, NASA Planetary Science Division
https://solarsystem.nasa.gov/moons/jupiter-moons/europa/overview/
■ Ganymede, NASA Planetary Science Division
https://solarsystem.nasa.gov/moons/jupiter-moons/ganymede/in-depth/
■ Iapetus, NASA Planetary Science Division
https://solarsystem.nasa.gov/moons/saturn-moons/iapetus/in-depth/
■ IO Most Volcanically Active Spot in the Solar System, NASA Planetary Science Division
https://solarsystem.nasa.gov/moons/jupiter-moons/io/overview/
■ Jupiter Moons, NASA Planetary Science Division
https://solarsystem.nasa.gov/moons/jupiter-moons/overview/
■ Mimas, NASA Planetary Science Division
https://solarsystem.nasa.gov/moons/saturn-moons/mimas/in-depth/
■ Origin of the Solar System, University of Maryland Department of Geology, 2019
https://www.geol.umd.edu/~jmerck/geol212/lectures/26a.html
■ Rhea, NASA Planetary Science Division
https://solarsystem.nasa.gov/moons/saturn-moons/rhea/in-depth/
■ Saturn Moons, NASA Planetary Science Division
https://solarsystem.nasa.gov/moons/saturn-moons/overview/
■ Tethys, NASA Planetary Science Division
https://solarsystem.nasa.gov/moons/saturn-moons/tethys/in-depth/
■ Titan, NASA Planetary Science Division
https://solarsystem.nasa.gov/moons/saturn-moons/titan/overview/

第 5 章

■ Cassini-Huygens, NASA Planetary Science Division
https://solarsystem.nasa.gov/missions/cassini/overview/

■ Galileo, NASA Planetary Science Division
https://solarsystem.nasa.gov/missions/galileo/overview/
■ Hubble Space Telescope, Space Telescope Science Institute
https://hubblesite.org/, http://www.stsci.edu/
■ Huygens, ESA
https://www.cosmos.esa.int/web/huygens/home
■ Infrared Telescope Facility, Institute for Astronomy, University of Hawaii
http://irtfweb.ifa.hawaii.edu/
■ Juno, NASA Planetary Science Division
https://solarsystem.nasa.gov/missions/juno/in-depth/
■ Nick Strobel, Planetary Science, Atmospheres
http://www.astronomynotes.com/solarsys/s3.htm
■ NASA, JPL Photojournal
https://photojournal.jpl.nasa.gov/
■ Pioneer 10, NASA Planetary Science Division
https://solarsystem.nasa.gov/missions/pioneer-10/in-depth/
■ Pioneer 11, NASA Planetary Science Division
https://solarsystem.nasa.gov/missions/pioneer-11/in-depth/
■ SP-349/396 PIONEER ODYSSEY, NASA, NASA-Ames Research Center, 1974
https://history.nasa.gov/SP-349/contents.htm
■ Spacecraft CASSINI ORBITER HUYGEN'S PROBE, NASA
https://solarsystem.nasa.gov/missions/cassini/mission/spacecraft/cassini-orbiter/
■ Tobias Owen, Huygens rediscovers Titan, Nature Vol. 438 (756-758), NPG Nature Asia-Pacific, 2005
■ Voyager 1, NASA Planetary Science Division
https://solarsystem.nasa.gov/missions/voyager-1/in-depth/
■ Voyager 2, NASA Planetary Science Division
https://solarsystem.nasa.gov/missions/voyager-2/in-depth/

第6章

■ 井田　茂著：『系外惑星と太陽系』岩波新書（岩波書店，2017）
■ Kevin J. Walsh, Alessandro Morbidelli et al., A low mass for Mars from Jupiter's early, gas-driven migration, NATURE, 2011
■ 国立天文台，アルマ望遠鏡がシャープにとらえた惑星誕生 20 の現場，2018
https://alma-telescope.jp/news/dsharp-201812
■ Nice model, Wikipedia
https://en.wikipedia.org/wiki/Nice_model#The_Late_Heavy_Bombardment
■ Planetary migration, Wikipedia
https://en.wikipedia.org/wiki/Planetary_migration

出典・画像クレジット

図1-8 ゼウス：ルーヴル美術館蔵
図1-9 ヘラ：ルーヴル美術館蔵
図1-10 クロノス：プラド美術館蔵
図1-11 ポセイドン：アテネ国立考古学博物館蔵
図1-12 ハデス：イラクリオン考古学博物館蔵
図1-13 ガリレオ・ガリレイ：ウフィツィ美術館蔵
図1-17 Paris Bordone Giove e Io(1550), Kunstmuseum, Göteborg 蔵
図1-18 Rembrandt Harmensz van Rijn: The abduction of Europa (1632), Getty Center 蔵
図1-19 Peter Paul Rubens: The Rape of Ganymede (1636), プラド美術館蔵
図1-20 Johannes Hevelius『Uranographia』
図1-21 "A Demonstration Concerning the Motion of Light," Philosophical Transactions of the Royal Society 12 (June 25, 1677): 893-94.
図1-22 "Observations of the first Jupiter moon in Paris". Page 1 lists
図1-23 Ernst Gerland, Friedrich Traumüller (1899) Geschichte der Physikalischen Experimentierkunst, Verlag von Wilhelm Engelmann, Leipzig, Germany, p.179, fig.178
図1-24 the Memoires de Academie Royale des Sciences de Paris cite
図1-26 Hevelius De Nativa Saturni Facie (1656)
図1-27 Huygen's Systema Saturnium (1659). © sil.su.edu

図2-22 ©The Hubble Heritage Team (STScI/AURA/NASA) and Amy Simon (Cornell U.)

図3-8 ©Reta Beebe (New Mexico State University), D. Gilmore, L. Bergeron (STScI), and NASA
図3-9 ©NASA and The Hubble Heritage Team (STScI AURA)
図3-10 ©NASA and E. Karkoschka (University of Arizona)
図3-11 ©NASA, ESA, A. Simon (GSFC) and the OPAL Team, and J. DePasquale (STScI)
図3-12 ©Amanda S. Bosh (Lowell Observatory), Andrew S. Rivkin (Univ. of Arizona/LPL), the HST High Speed Photometer Instrument Team (R.C. Bless, PI), and NASA/ESA
図3-14 Thermal structure of Jupiters atmosphere near the edge of a 5-μm hot spot in the north equatorial belt
図3-17 Layout of the belts and zones of Jupiter A Guide to Observing the Planet Jupiter–2019 (University of Wisconsin) に加筆
図3-19 ©Hubble Space Telescope Comet Team and NASA
図3-20 ©R. Evans, J. Trauger, H. Hammel and the HST Comet Science Team and NASA
図3-24 ©NASA JPL-Caltech SwRI MSSS Gerald Eichstadt Justin Cowart

図3-26	©STScI-1999-29 The Hubble Heritage Team (STScI AURA NASA) and Amy Simon (Cornell U)
図3-27	©NASA, ESA, Zolt Levay (STScI), and A. Simon-Miller (NASA Goddard Space Flight Center)
図3-39	© 道越秀吾，小久保英一郎，武田隆顕，国立天文台４次元デジタル宇宙プロジェクト
図4-17	Ganymede_Voyager_GalileoSSI_global_ClrMosaicUSGS Astrogeology Science Center
図4-18	Ganymede_Voyager_GalileoSSI_global_ClrMosaicUSGS Astrogeology Science Center
図4-27	©NASA/JPL-Caltech/Space Science Institute/Lunar and Planetary Institute
図4-31 上	©NASA/JPL-Caltech
図4-31 左	©NASA/JPL-Caltech/Southwest Research Institute
図4-47	©ESA/NASA/JPL/University of Arizona
図4-48	©ESA/NASA/JPL/University of Arizona
図4-49	©NASA/JPL-Caltech/Space Science Institute
図4-52	©NASA/JPL-Caltech/Space Science Institute
図4-53	©NASA/JPL/Space Science Institute
P.111	©NASA/JPL/Space Science Institute. Small Bodies of the Solar System（2015年８月）より作図
P.139	©NASA/JPL/Space Science Institute. Small Bodies of the Solar System（2015年８月）より作図
図5-26	©NASA/JPL-Caltech/SwRI/ASI/INAF/JIRAM
図5-31	©NASA/JPL-Caltech/Space Science Institute/Hampton University
図6-3	©NASA/ESA/M. Robberto (Space Telescope Science Institute/ESA) and the Hubble Space Telescope Orion Treasury Project Team・©NASA/ESA and L. Ricci (ESO)
図6-10	Grand Tack Model A scheme of the Grand Tack model Center for Planetary Origin. © https://www-n.oca.eu/morby/C4PO/C4PO-science-overview.html に加筆
カバー	©NASA/JPL/Space Science Institute ©NASA/JPL/University of Arizona ©NASA/JPL-Caltech/ASI/USGS ©Enhanced image by Kevin M. Gill (CC-BY) based on images provided courtesy of NASA/JPL-Caltech/SwRI/MSSS. ©NASA/JPL-Caltech/Space Science Institute
扉	第３章：©NASA JPL Caltech 第４章：©NASA 第５章：©CassiniSaturn saturn.jpl.nasa.gov 第６章：© 東京大学大学院理学系研究科山本研究室

索 引

サ行

タ行

著者紹介

鳫　宏道（がん・ひろみち）

1953年生．東京理科大学理学部卒業．

1976年から天文担当学芸員として平塚市博物館に勤務．平塚市博物館館長，日本プラネタリウム協議会理事長，国際科学映像祭実行委員長を歴任．現在，JAXA宇宙科学研究所広報委員，国際科学映像祭実行委員など．

幼児から児童生徒，年配者までを対象に幅広いプラネタリウム運営を企画実施したほか，天文分野の普及活動，図録などの執筆を行う．

2020年2月10日　初版第1刷発行

木星（もくせい）・土星（どせい）ガイドブック

著　者　鳫（がん）　宏道（ひろみち）©

発行者　片岡一成

印刷・製本　（株）ディグ

発行所　（株）恒星社厚生閣

東京都新宿区四谷三栄町3-14（〒160-0008）
TEL. 03(3359)7371　FAX. 03(3359)7375

（定価はカバーに表示）

ISBN978-4-7699-1645-1 C0044